REPTILES OF JAPAN

by Shintaro Seki and Tsutomu Hikida

日本産　野外観察のための

爬虫類図鑑

第3版

著　関 慎太郎　　監修　疋田 努

日本に生息する
爬虫類 110 種類を網羅

緑書房

はじめに ～爬虫類を求めて～

「日本の爬虫類を全部写真に収めてやろう」と思ったのは、僕が20代後半の頃だったろうか。フィールドワークを始めた当初は爬虫類に関心がなく、川魚採集の際に時々みかける程度の存在でしかなかった。河原で日光浴するカメ。突然目の前に現れて驚かせてくるヘビ。気にならないわけではないが、マジマジと観察するほどではなかった。

そんな僕が今では爬虫類の虜となり、彼らは日常になくてはならない存在になっている。北は北海道・稚内のコモチカナヘビから、南は沖縄・与那国島のヨナグニシュウダまで、南北に細長い日本列島を走り回った。最初は探し方がわからずに手ぶらで帰ることが何度もあったが、意気消沈して帰ってきても、しばらくするとまた会いたくなってしまう。いったい何がここまで僕を惹きつけるのだろうか。爬虫類コレクターだと思われることもあるが、これは全く違う。「次はこんなシーンに出会いたい」、「あのヘビ、意外にもあんな場所にいたな」と彼らの姿をイメージするだけで、"ワクワク感"が僕を支配する。そんな思いが頭をよぎるといても立ってもいられず、いつの間にかフィールドに出かけている。何度も生息地に赴いて、探していた生き物に出会えたら喜びもひとしおだ。

この感動こそが僕をフィールドワークに駆り立てる。まだ出会えていない生き物、行ったことのない場所も数多く、フィールドワークは予想できないアクシデントの連続だ。そこでは誰もが初心者で、必ずみつかるわけでない一方で、誰もがみつけられるチャンスがある。本書をご覧いただき、一番感じてほしいことは、「日本にはこれほどたくさんの爬虫類がいて、それぞれが懸命に生きている」ということだ。少しでも多くの方々に爬虫類のファンになってもらいたい。僕はかつて1冊の図鑑をフィールドに持ち込んでボロボロになるまで読み込んだ。本書を手に取っていただいた方々には、ぜひ同じように使い込んでもらいたい。

明日は新たな生き物の表情を求めてフィールドに出かけよう。高揚感が僕を突き動かす。こりゃあいつまでたってもやめることはできそうにない。さあ、皆さんもフィールドに出よう！

自然写真家
関 慎太郎

監修をおえて

　トカゲ類はたいてい逃げ足が速く、捕まえるのが大変だ。野外で生態写真を撮ろうとしてもシャッターチャンスは少ない。ヘビやカメも同様で、近づけばすぐ逃げる。いい写真を撮って、さらにそれを捕まえるということはほぼ不可能といっていい。だから、標本を必要とするわれわれ分類屋は、最初から生態写真を撮るのをあきらめている。生きている時の体色を記録するために、箱に入れて撮影するだけだ。

　さて、この図鑑のほとんどの写真は著者の撮影によるものだ。その真骨頂は第3章の生態写真。カメラマン関慎太郎の腕のみせ所である。著者は、北海道から沖縄まで、島々を巡りながら、多くの爬虫類の野外写真をものにしている。いったいどれほどの時間をかけたのだろうか。第2章は卵と幼体である。ほとんどは卵を産みそうな雌を飼育して得たものだが、これは撮影よりも手間がかかる。

　「百聞は一見にしかず」で、写真は多くの情報を含んでいる。しかし、写真で区別が難しい種類もあり、その筆頭がトカゲ属とヤモリ属である。これは専門家でも区別が難しく、トカゲ属では幼体の体色や頭部の鱗をみなければわからない場合がある。ヤモリ属は近年までニホンヤモリ1種だったのが8種に分類されたのだから、これも難しい。においや鳴き声で互いを区別する種は、外見にはっきりした違いが出ない。同じようにみえてもカメラマンのせいではないのだ。同定するにはまず場所で絞るべきであり、特に野外では同じ場所に分布する種だけを区別できればいい。本書の生態写真には撮影場所、また撮影した月が添えてある。だから、この本は野外の図鑑としても、日本産爬虫類の自然史資料としても役に立つ。

　写真同定の難しいヤモリ属については、念のためヤモリ研究の専門家に確認していただいた。さらに同定の難しいものは近縁種間で時に生じる交雑個体である。慣れれば区別がつく場合もあるが、遺伝子を調べないとわからないことも多い。

　最後に、各種の記述について触れておこう。各種について、その生態、食性、詳しい生息地情報等が含まれ、著者自身の観察の結果も書き込まれている。しかし、まだこれから調べなければいけないことも多い。さあ、この本を持って野外の爬虫類に会いにいこう。

京都大学名誉教授

疋田 努

目 次
CONTENTS

はじめに ～爬虫類を求めて～ ━━━━━━ 002
監修をおえて ━━━━━━━━━━━━━ 003
日本の爬虫類（日本産爬虫類標準和名リスト）━━ 008
環境省レッドリスト2020（RL2020）のカテゴリー ━━ 011
各部名称 ━━━━━━━━━━━━━━ 012

第1章　生体・識別

日本に生息する爬虫類を切り抜き写真で全種掲載
学名、全長、分布等の概要を紹介

カメ目
[TESTUDINES]

◆イシガメ科 [Geoemydidae] ━━━━━ 014
ニホンイシガメ／クサガメ／ミナミイシガメ／
ヤエヤマイシガメ／リュウキュウヤマガメ／
ヤエヤマセマルハコガメ

◆ヌマガメ科 [Emydidae] ━━━━━━ 016
ミシシッピアカミミガメ

◆カミツキガメ科 [Chelydridae] ━━━ 016
カミツキガメ／ワニガメ

◆スッポン科 [Trionychidae] ━━━━━ 017
ニホンスッポン
沖縄島のスッポン

◆交雑個体 ━━━━━━━━━━━━ 018
ニホンイシガメ×クサガメ／
ニホンイシガメやクサガメの色彩変異／
リュウキュウヤマガメ×ミナミイシガメ／
リュウキュウヤマガメ×セマルハコガメ／
ニホンイシガメ×ミナミイシガメ／
クサガメ×ミナミイシガメ／クサガメ×ハナガメ

◆ウミガメ科 [Cheloniidae] ━━━━━ 020
アオウミガメ／クロウミガメ／ヒメウミガメ／
アカウミガメ／タイマイ

◆オサガメ科 [Dermochelyidae] ━━━ 021
オサガメ

有鱗目トカゲ亜目
[SQUAMATA：LACERTILIA]

◆トカゲ科 [Scincidae] ━━━━━━━ 022
ニホントカゲ／ヒガシニホントカゲ／オカダトカゲ／バーバ
ートカゲ／オキナワトカゲ／オオシマトカゲ／イシガキトカゲ
／クチノシマトカゲ／センカクトカゲ／キシノウエトカゲ／オ
ガサワラトカゲ／サキシマスベトカゲ／ヨナグニスベトカゲ
／ツシマスベトカゲ／ヘリグロヒメトカゲ／ミヤコトカゲ

◆カナヘビ科 [Lacertidae] ━━━━━━ 028
コモチカナヘビ／ニホンカナヘビ／アムールカナヘビ／
アオカナヘビ／ミヤコカナヘビ／サキシマカナヘビ

◆アガマ科 [Agamidae] ━━━━━━━ 030
オキナワキノボリトカゲ／サキシマキノボリトカゲ／
ヨナグニキノボリトカゲ／スウィンホーキノボリトカゲ

◆イグアナ科 [Iguanidae] ━━━━━━ 031
グリーンアノール／グリーンイグアナ

◆ヤモリ科 [Gekkonidae] ━━━━━━ 032
ニホンヤモリ／タワヤモリ／ニシヤモリ／ヤクヤモリ／
タカラヤモリ／ミナミヤモリ／アマミヤモリ／
オキナワヤモリ／ホオグロヤモリ／タシロヤモリ／
キノボリヤモリ／ミナミトリシマヤモリ／
オンナダケヤモリ／オガサワラヤモリ

◆トカゲモドキ科 [Eublepharidae] ━━━ 038
オビトカゲモドキ／クロイワトカゲモドキ／
イヘヤトカゲモドキ／クメトカゲモドキ／
マダラトカゲモドキ／ケラマトカゲモドキ

有鱗目ヘビ亜目
[SQUAMATA：SERPENTES]

◆**メクラヘビ科** [Typhlopidae] ……… 040
ブラーミニメクラヘビ

◆**セダカヘビ科** [Pareidae] ……… 040
イワサキセダカヘビ

◆**タカチホヘビ科** [Xenodermidae] ……… 040
タカチホヘビ／アマミタカチホヘビ／
ヤエヤマタカチホヘビ

◆**ナミヘビ科** [Colubridae] ……… 041
リュウキュウアオヘビ／サキシマアオヘビ／
アカマタ／アカマダラ／サキシママダラ／
サキシマバイカダ／シロマダラ／ジムグリ／
アオダイショウ／シマヘビ／サキシマスジオ／
タイワンスジオ／シュウダ／ヨナグニシュウダ／
ミヤラヒメヘビ／ミヤコヒメヘビ／キクザトサワヘビ／
ガラスヒバァ／ダンジョヒバカリ／ヒバカリ／
ミヤコヒバァ／ヤエヤマヒバァ／ヤマカガシ

◆**コブラ科** [Elapidae] ……… 051
ハイ／ヒャン／イワサキワモンベニヘビ／
クロガシラウミヘビ／クロボシウミヘビ／セグロウミヘビ／
マダラウミヘビ／ヨウリンウミヘビ／アオマダラウミヘビ／
エラブウミヘビ／ヒロオウミヘビ／イイジマウミヘビ

◆**クサリヘビ科** [Viperidae] ……… 054
トカラハブ／ハブ／サキシマハブ／タイワンハブ／
ヒメハブ／ニホンマムシ／ツシママムシ

第2章　卵・幼体

日本に生息する爬虫類の卵や幼体を掲載
卵から幼体の姿をまとめて比較

◆**カメ目** ……… 058
ニホンイシガメ／クサガメ／ミナミイシガメ／
ヤエヤマイシガメ／ヤエヤマセマルハコガメ／
リュウキュウヤマガメ／ミシシッピアカミミガメ／
カミツキガメ／ニホンスッポン

◆**有鱗目トカゲ亜目** ……… 061
ニホントカゲ／ヒガシニホントカゲ／オカダトカゲ／
バーバートカゲ／オキナワトカゲ／オオシマトカゲ／
イシガキトカゲ／クチノシマトカゲ／キシノウエトカゲ／
オガサワラトカゲ／ミヤコトカゲ／サキシマベトカゲ／
コモチカナヘビ／ニホンカナヘビ／アムールカナヘビ／
アオカナヘビ／ミヤコカナヘビ／サキシマカナヘビ／
オキナワキノボリトカゲ／サキシマキノボリトカゲ／
ヨナグニキノボリトカゲ／ニホンヤモリ／タワヤモリ／
ニシヤモリ／ヤクヤモリ／タカラヤモリ／ミナミヤモリ／
アマミヤモリ／オキナワヤモリ／オガサワラヤモリ／
オビトカゲモドキ／クロイワトカゲモドキ

◆**有鱗目ヘビ亜目** ……… 073
タカチホヘビ／アマミタカチホヘビ／
リュウキュウアオヘビ／サキシマアオヘビ／アカマタ／
アカマダラ／サキシマバイカダ／シロマダラ／ジムグリ／
アオダイショウ／岩国の白蛇（アオダイショウ）／
シマヘビ／タイワンスジオ／ヨナグニシュウダ／ヒバカリ／
ガラスヒバァ／ヤマカガシ／トカラハブ／ハブ／
サキシマハブ／ヒメハブ／ニホンマムシ／ツシママムシ

第3章　生態・野外

日本に生息する爬虫類のフィールドで撮影した美しい生態写真を掲載
体の特徴や生息地等の情報を詳細に解説

◆カメ目

ニホンイシガメ ……………………… 084
クサガメ …………………………… 086
ミナミイシガメ …………………… 088
ヤエヤマイシガメ ………………… 089
リュウキュウヤマガメ …………… 090
ヤエヤマセマルハコガメ ………… 091
ミシシッピアカミミガメ ………… 092
カミツキガメ ……………………… 094
ニホンスッポン …………………… 095
アオウミガメ ……………………… 096
クロウミガメ ……………………… 097
ヒメウミガメ ……………………… 097
アカウミガメ ……………………… 098
タイマイ …………………………… 099
オサガメ …………………………… 099

◆有鱗目トカゲ亜目

ニホントカゲ ……………………… 100
ヒガシニホントカゲ ……………… 103
オカダトカゲ ……………………… 104
バーバートカゲ …………………… 105
オキナワトカゲ …………………… 106
オオシマトカゲ …………………… 107
イシガキトカゲ …………………… 108
クチノシマトカゲ ………………… 109
センカクトカゲ …………………… 110

キシノウエトカゲ ………………… 111
オガサワラトカゲ ………………… 112
サキシマスベトカゲ ……………… 114
ヨナグニスベトカゲ ……………… 115
ツシマスベトカゲ ………………… 116
ヘリグロヒメトカゲ ……………… 118
ミヤコトカゲ ……………………… 120
コモチカナヘビ …………………… 121
ニホンカナヘビ …………………… 122
アムールカナヘビ ………………… 126
アオカナヘビ ……………………… 127
ミヤコカナヘビ …………………… 128
サキシマカナヘビ ………………… 129
オキナワキノボリトカゲ ………… 130
サキシマキノボリトカゲ ………… 132
ヨナグニキノボリトカゲ ………… 134
スウィンホーキノボリトカゲ …… 135
グリーンアノール ………………… 136
グリーンイグアナ ………………… 137
ニホンヤモリ ……………………… 138
タワヤモリ ………………………… 141
ニシヤモリ ………………………… 142
ヤクヤモリ ………………………… 143
タカラヤモリ ……………………… 144
ミナミヤモリ ……………………… 145
アマミヤモリ ……………………… 146
オキナワヤモリ …………………… 147

ホオグロヤモリ ……………………… 148
タシロヤモリ ………………………… 150
キノボリヤモリ ……………………… 151
ミナミトリシマヤモリ ……………… 151
オンナダケヤモリ …………………… 152
オガサワラヤモリ …………………… 154
オビトカゲモドキ …………………… 156
クロイワトカゲモドキ ……………… 158
イヘヤトカゲモドキ ………………… 160
クメトカゲモドキ …………………… 161
マダラトカゲモドキ ………………… 162
ケラマトカゲモドキ ………………… 163

◆有鱗目ヘビ亜目
ブラーミニメクラヘビ ……………… 164
イワサキセダカヘビ ………………… 165
タカチホヘビ ………………………… 166
アマミタカチホヘビ ………………… 167
ヤエヤマタカチホヘビ ……………… 168
リュウキュウアオヘビ ……………… 169
サキシマアオヘビ …………………… 170
アカマタ ……………………………… 171
アカマダラ …………………………… 172
サキシママダラ ……………………… 173
サキシマバイカダ …………………… 174
シロマダラ …………………………… 175
ジムグリ ……………………………… 176
アオダイショウ ……………………… 178
岩国の白蛇（アオダイショウ）…… 180
シマヘビ ……………………………… 182
サキシマスジオ ……………………… 186
タイワンスジオ ……………………… 187
シュウダ ……………………………… 187

ヨナグニシュウダ …………………… 188
ミヤラヒメヘビ ……………………… 189
ミヤコヒメヘビ ……………………… 190
キクザトサワヘビ …………………… 192
ダンジョヒバカリ …………………… 192
ガラスヒバァ ………………………… 193
ヒバカリ ……………………………… 196
ミヤコヒバァ ………………………… 198
ヤエヤマヒバァ ……………………… 200
ヤマカガシ …………………………… 202
ハイ …………………………………… 204
ヒャン ………………………………… 205
イワサキワモンベニヘビ …………… 205
クロガシラウミヘビ ………………… 206
クロボシウミヘビ …………………… 206
セグロウミヘビ ……………………… 206
マダラウミヘビ ……………………… 207
ヨウリンウミヘビ …………………… 207
アオマダラウミヘビ ………………… 207
エラブウミヘビ ……………………… 208
ヒロオウミヘビ ……………………… 208
イイジマウミヘビ …………………… 208
トカラハブ …………………………… 209
ハブ …………………………………… 210
サキシマハブ ………………………… 214
タイワンハブ ………………………… 215
ヒメハブ ……………………………… 216
ニホンマムシ ………………………… 218
ツシママムシ ………………………… 220

［コラム］
爬虫類は意外と身近にいる ………… 056
フィールドノートから今を考える … 082

和名索引 ……………………………… 222
学名索引 ……………………………… 224
協力者・参考文献 …………………… 226
著者・監修者プロフィール ………… 227
第3版発行にあたって ……………… 229

日本の爬虫類

　　日本国内に生息する爬虫類は110種類が知られています。その内訳は、カメ目15種類、有鱗目トカゲ亜目48種類、有鱗目ヘビ亜目47種類です（日本爬虫両棲類学会ウェブサイト、2022年5月20日現在）。この中には外国から移入された帰化種や海洋を大きく移動するウミガメ、ウミヘビも含まれます。日本の爬虫類の4分の3近くは、他国ではみられない日本固有種で形成されているという独自の生物多様性を誇っています。この種類数や固有種の数は、南北に細長い日本を南に行くほど多くなります。特に、トカラ諸島の悪石島と小宝島の間にある「渡瀬線」で、大きく生物相が変わります。その南に位置する琉球諸島では小さな島ごとに特有な種類と生物相がみられます。

　　世界的にみると、現生の爬虫類は世界に約1万種ほどが知られています。大きくわけるとカメ目、ムカシトカゲ目、有鱗目（トカゲ亜目、ヘビ亜目）、ワニ目の4つのグループにわかれています。日本にはムカシトカゲ目とワニ目は生息せず、種数だけでみると決して多いわけではありませんが、面積や地域性、気候から考えると、海外に引けを取らない種数だと考えられます。

　　爬虫類の大きな特徴を挙げると、主に陸上にすんでいて、丈夫な殻で包まれた卵を産み、体は鱗で覆われています。ウミガメを除くほとんどの爬虫類は、外温動物で日光浴をして体温を上げます。4本の肢（ヘビのように退化したものもいる）と尾を持つことが特徴です。細長く四肢を欠くヘビ、固い甲羅に守られるカメ等驚きを覚える体形が多く、他の生物群と見比べてもかなり特異です。しかも人目に付きやすい大きさであることが人々の興味を引くきっかけになっています。

　　この狭い島国、日本では、これらが隔離され分化し、多様な遺伝性を維持してきています。その理由は、世界に誇れる自然度が高い環境が、いまなお残っていることを意味しています。このすばらしき生物を育む"日本の自然"を、"爬虫類"を通してみつめなおしてみましょう。

日本産爬虫類標準和名リスト (2022年5月20日現在)

目	科	属	標準和名
カメ目	イシガメ科	イシガメ属	クサガメ
			ニホンイシガメ
			ミナミイシガメ
			ヤエヤマイシガメ
		セマルハコガメ属	ヤエヤマセマルハコガメ
		ヤマガメ属	リュウキュウヤマガメ
	ヌマガメ科	アカミミガメ属	ミシシッピアカミミガメ
	カミツキガメ科	カミツキガメ属	カミツキガメ
	スッポン科	スッポン属	ニホンスッポン
	ウミガメ科	アオウミガメ属	アオウミガメ
			クロウミガメ
		ヒメウミガメ属	ヒメウミガメ
		アカウミガメ属	アカウミガメ
		タイマイ属	タイマイ
	オサガメ科	オサガメ属	オサガメ
有鱗目トカゲ亜目	トカゲ科	トカゲ属	ニホントカゲ
			ヒガシニホントカゲ
			オカダトカゲ
			バーバートカゲ
			オキナワトカゲ
			オオシマトカゲ
			イシガキトカゲ
			クチノシマトカゲ
			センカクトカゲ
			キシノウエトカゲ
		オガサワラトカゲ属	オガサワラトカゲ
		スベトカゲ属	サキシマスベトカゲ
			ツシマスベトカゲ
			ヨナグニスベトカゲ
		ヘリグロヒメトカゲ属	ヘリグロヒメトカゲ
		ミヤコトカゲ属	ミヤコトカゲ
	カナヘビ科	コモチカナヘビ属	コモチカナヘビ
		カナヘビ属	ニホンカナヘビ
			アムールカナヘビ
			アオカナヘビ
			ミヤコカナヘビ
			サキシマカナヘビ
	アガマ科	キノボリトカゲ属	オキナワキノボリトカゲ
			サキシマキノボリトカゲ
			ヨナグニキノボリトカゲ
			スウィンホーキノボリトカゲ
	イグアナ科	アノールトカゲ属	グリーンアノール
		イグアナ属	グリーンイグアナ
	ヤモリ科	ナキヤモリ属	ホオグロヤモリ
			タシロヤモリ
		キノボリヤモリ属	キノボリヤモリ
		シマヤモリ属	ミナミトリシマヤモリ
		フトオヤモリ属	オンナダケヤモリ
		オガサワラヤモリ属	オガサワラヤモリ
		ヤモリ属	ニホンヤモリ
			タワヤモリ
			ニシヤモリ
			ヤクヤモリ
			タカラヤモリ
			ミナミヤモリ
			アマミヤモリ
			オキナワヤモリ
	トカゲモドキ科	トカゲモドキ属	オビトカゲモドキ
			クロイワトカゲモドキ
			イヘヤトカゲモドキ
			クメトカゲモドキ
			ケラマトカゲモドキ
			マダラトカゲモドキ

目	科	属	標準和名
	メクラヘビ科	インドメクラヘビ属	ブラーミニメクラヘビ
	セダカヘビ科	セダカヘビ属	イワサキセダカヘビ
	タカチホヘビ科	タカチホヘビ属	タカチホヘビ
			アマミタカチホヘビ
			ヤエヤマタカチホヘビ
	ナミヘビ科 ナミヘビ亜科	アオヘビ属	サキシマアオヘビ
			リュウキュウアオヘビ
		オオカミヘビ属	アカマタ
			アカマダラ
			サキシマダラ
			サキシマバイカダ
			シロマダラ
		ジムグリ属	ジムグリ
		ナメラ属	アオダイショウ
			シマヘビ
			サキシマスジオ
			タイワンスジオ
			シュウダ
			ヨナグニシュウダ
	ナミヘビ科 ヒメヘビ亜科	ヒメヘビ属	ナガヒメヘビ
			ミヤコヒメヘビ
有鱗目ヘビ亜目	ナミヘビ科 ユウダ亜科	サワヘビ属	キクザトサワヘビ
		ヒバカリ属	ガラスヒバァ
			ヒバカリ
			ダンジョヒバカリ
			ミヤコヒバァ
			ヤエヤマヒバァ
		ヤマカガシ属	ヤマカガシ
	コブラ科 コブラ亜科	ワモンベニヘビ属	ヒャン
			ハイ
			イワサキワモンベニヘビ
	コブラ科 ウミヘビ亜科	エラブウミヘビ属	エラブウミヘビ
			アオマダラウミヘビ
			ヒロオウミヘビ
		カメガシラウミヘビ属	イイジマウミヘビ
		セグロウミヘビ属	セグロウミヘビ
		ウミヘビ属	クロボシウミヘビ
			クロガシラウミヘビ
			マダラウミヘビ
			ヨウリンウミヘビ
	クサリヘビ科 マムシ亜科	ハブ属	トカラハブ
			ハブ
			サキシマハブ
			タイワンハブ
		マムシ属	ニホンマムシ
			ツシママムシ
		ヤマハブ属	ヒメハブ

※本書ではこれに加えて、カミツキガメ科のワニガメ、またカメの交雑個体について掲載している。

出典：日本爬虫両棲類学会ウェブサイト

[日本列島]

佐渡島

隠岐島

対馬

五島列島

伊豆諸島
八丈島

トカラ諸島 　大隅諸島

奄美諸島　　奄美大島

南西諸島

尖閣諸島

沖縄島

沖縄諸島　　大東諸島

宮古島
　宮古諸島
先島諸島

小笠原諸島・父島
　　　　　　・母島

硫黄島・

南鳥島

[南西諸島]
九州南部から台湾北東にかけて
位置する島嶼群

甑島

種子島

口永良部島
口之島　屋久島

中之島
悪石島 ・諏訪之瀬島
宝島・小宝島

奄美大島 ・喜界島
与路島・加計呂麻島
　　　　諸島
　　　　徳之島
　　　・沖永良部島
伊是名島
屋那覇島・ 　与論島
粟国島・瀬底島
久米島・ 沖縄島
渡名喜島 伊計島
阿嘉島 久高島
座間味島
渡嘉敷島

南大東島・北大東島

久場島　大正島
魚釣島

伊良部島
下地島 池間島
水納島 宮古島
与那国島 　来間島
石垣島
　多良間島
西表島 ・新城島
波照間島

沖大東島・

環境省レッドリスト2020（RL2020）のカテゴリー

カテゴリー（ランク）	概要
絶滅（EX）	我が国では既に絶滅したと考えられる種
野生絶滅（EW）	飼育・栽培下あるいは自然分布域の明らかに外側で野生化した状態でのみ存続している種
絶滅危惧Ⅰ類（CR+EN）	絶滅の危機に瀕している種
絶滅危惧ⅠA類（CR）	ごく近い将来における野生での絶滅の危険性が極めて高いもの
絶滅危惧ⅠB類（EN）	ⅠA類ほどではないが、近い将来における野生での絶滅の危険性が高いもの
絶滅危惧Ⅱ類（VU）	絶滅の危険が増大している種
準絶滅危惧（NT）	現時点での絶滅危険度は小さいが、生息条件の変化によっては「絶滅危惧」に移行する可能性のある種
情報不足（DD）	評価するだけの情報が不足している種
絶滅のおそれのある地域個体群（LP）	地域的に孤立している個体群で、絶滅のおそれが高いもの

本書では、「環境省レッドリスト2020」をRL2020と表記し、第3章の解説部において種別に記載する。

ヤエヤマセマルハコガメ（絶滅危惧Ⅱ類）

キシノウエトカゲ（絶滅危惧Ⅱ類）

イヘヤトカゲモドキ（絶滅危惧ⅠA類）

ヨナグニシュウダ（絶滅危惧ⅠB類）

各部名称

◆ カメ （例：ニホンイシガメ）

眼：瞬膜という透明な膜があり、開閉する。視力はよく、色を識別できる

鼻：上の方にあり、水中からでも息を吸いやすくなっている

口：歯がなくクチバシ状

耳：鼓膜がむき出しになっている

背甲：背中側の甲羅

前肢：指は5本

腹甲：腹側の甲羅

後肢：指は5本

◆ トカゲ （例：ニホントカゲ）

眼：まぶたを動かすことができる

耳：穴の奥に鼓膜がある。音を聞くことができる

鱗：小さくて固い鱗に覆われている

尾：切れても再生する

口：舌を出し入れしてにおいを感じる

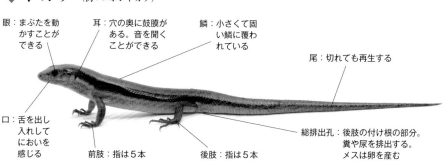

前肢：指は5本

後肢：指は5本

総排出孔：後肢の付け根の部分。糞や尿を排出する。メスは卵を産む

◆ ヘビ （例：シマヘビ）

眼：まぶたはなく透明な鱗で覆われている

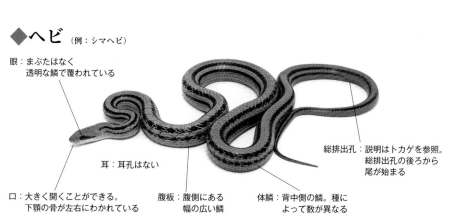

耳：耳孔はない

総排出孔：説明はトカゲを参照。総排出孔の後ろから尾が始まる

口：大きく開くことができる。下顎の骨が左右にわかれている

腹板：腹側にある幅の広い鱗

体鱗：背中側の鱗。種によって数が異なる

第1章

生体・識別

■日本に生息する爬虫類を切り抜き
写真で全種掲載
■学名、全長、分布等の概要を紹介

第1章の使い方
∨

標準和名、学名、
全長（甲長）、分布

2章、3章の
掲載頁

目、科の分類

撮影地等の
個体情報

◆ ニホンイシガメ イシガメ科イシガメ属

Mauremys japonica (Temminck et Schlegel, 1838)
●甲長：10～20cm
●分布：自然分布は関東・甲信越地方より西の本州、四国、九州と周辺の島

卵・幼体 ➡58頁　　生態・野外 ➡84頁

幼体：滋賀県大津市

メス：京都府城陽市

オス：滋賀県大津市

◆ クサガメ イシガメ科イシガメ属

Mauremys reevesii (Gray, 1831)
●甲長：20～30cm
●分布：本州、四国、九州と周辺の島。薩摩半島南部、屋久島、種子島には分布しない。
　　　中国大陸の東部・東南部、朝鮮半島

卵・幼体 ➡58頁　　生態・野外 ➡86頁

幼体：兵庫県姫路市

メス：京都府京都市

メス：千葉県千葉市

オス：島根県出雲市

14

◆ ミナミイシガメ イシガメ科イシガメ属

Mauremys mutica mutica (Cantor, 1842)

- 甲長：15 〜 20cm
- 分布：京都府、大阪府、滋賀県。中国南部、台湾

卵・幼体 ➡ 59頁　生態・野外 ➡ 88頁

成体：滋賀県大津市

◆ ヤエヤマイシガメ イシガメ科イシガメ属

Mauremys mutica kami Yasukawa, Ota et Iverson, 1996

- 甲長：15 〜 19cm
- 分布：八重山諸島の石垣島、西表島、与那国島。沖縄諸島や宮古諸島等に移入

卵・幼体 ➡ 59頁　生態・野外 ➡ 89頁

幼体：沖縄県 石垣島

成体：沖縄県 石垣島

◆ リュウキュウヤマガメ イシガメ科ヤマガメ属

Geoemyda japonica (Fan, 1931)

- 甲長：15 〜 17cm
- 分布：沖縄諸島の沖縄島、渡嘉敷島、久米島

卵・幼体 ➡ 59頁　生態・野外 ➡ 90頁

成体：沖縄県 沖縄島

◆ ヤエヤマセマルハコガメ イシガメ科セマルハコガメ属

Cuora flavomarginata evelynae Ernst et Lovich, 1990

- 甲長：11 〜 17cm
- 分布：八重山諸島の石垣島、西表島。沖縄島、久米島、
宮古島、黒島に移入

卵・幼体 ➡ 59頁　生態・野外 ➡ 91頁

幼体：沖縄県 西表島

成体：沖縄県 西表島

カメ目 イシガメ科

◆ ミシシッピアカミミガメ　ヌマガメ科アカミミガメ属
Trachemys scripta elegans (Wied, 1839)
- ●甲長：20 ～ 28cm
- ●分布：日本各地に定着。原産地は北アメリカ。東アジア・東南アジアに移入

卵・幼体➡60頁　　生態・野外➡92頁

幼体：滋賀県大津市

メス：京都府京都市

オス：京都府京都市

◆ カミツキガメ　カミツキガメ科カミツキガメ属
Chelydra serpentina (Linnaeus, 1758)
- ●甲長：30 ～ 50cm
- ●分布：日本各地でみつかっている。千葉県と静岡県では自然繁殖している。原産地は北アメリカ

卵・幼体➡60頁　　生態・野外➡94頁

幼体：飼育個体

成体：飼育個体

成体：飼育個体

◆ ワニガメ　カミツキガメ科ワニガメ属
Macrochelys temminckii (Troost, 1835)
- ●甲長：50 ～ 80cm
- ●分布：日本各地でみつかっている。
　　　原産地は北アメリカ

◆ ニホンスッポン スッポン科スッポン属

Pelodiscus sinensis (Wiegmann, 1834)

●甲長：15〜40cm

●分布：自然分布は本州の関東、信越地方より西の本州、四国、九州。
　　　　中国、台湾、朝鮮半島

卵・幼体➡60頁　　生態・野外➡95頁

成体：長崎県長崎市

成体：滋賀県草津市

幼体（背側）：岡山県倉敷市

幼体（腹側）：滋賀県草津市

沖縄県のスッポン　　沖縄県のスッポンは交雑集団だと言われている。甲羅の形にも少し違いがある。

成体：沖縄県 沖縄島

成体：沖縄県 沖縄島

幼体（背側）：飼育個体

幼体（腹側）：飼育個体

[カメの交雑個体]

◆ ニホンイシガメ×クサガメ

成体：滋賀県近江八幡市

成体：京都府亀岡市

幼体：滋賀県大津市

成体：滋賀県大津市

ニホンイシガメやクサガメの色彩変異

クサガメ（色彩変異）：
飼育個体

ニホンイシガメ（色彩変異）：滋賀県大津市

クサガメ（色彩変異）：
飼育個体

クサガメ（色彩変異）：滋賀県大津市

ニホンイシガメ（色彩変異）：滋賀県大津市

◆ リュウキュウヤマガメ×ミナミイシガメ

成体：飼育個体

◆ リュウキュウヤマガメ×
　　　　　　セマルハコガメ

成体：飼育個体

◆ ニホンイシガメ×ミナミイシガメ

成体：滋賀県守山市

◆ クサガメ×ミナミイシガメ

成体：滋賀県大津市

◆ クサガメ×ハナガメ

幼体：飼育個体

※ハナガメ（特定外来生物）は中国、台湾、ベトナム等に分布するカメだが、
日本でも野外放棄された個体がみつかっている。

◆ アオウミガメ ウミガメ科アオウミガメ属
Chelonia mydas (Linnaeus, 1758)
●甲長：80 〜 100cm
●分布：太平洋、インド洋、大西洋の熱帯から温帯の海

生態・野外➡96頁

幼体：飼育個体

成体：飼育個体

◆ クロウミガメ ウミガメ科アオウミガメ属
Chelonia aqassizii Bocourt, 1868
●甲長：70 〜 80cm
●分布：太平洋東部の熱帯からガラパゴス諸島。
　　　まれに琉球列島と日本列島の太平洋側の海

生態・野外➡97頁

成体：飼育個体

◆ ヒメウミガメ ウミガメ科ヒメウミガメ属
Lepidochelys olivacea (Eshscholtz, 1829)
●甲長：50 〜 70cm
●分布：太平洋、インド洋、大西洋の熱帯の海

生態・野外➡97頁

成体：飼育個体

◆ **アカウミガメ** ウミガメ科アカウミガメ属
Caretta caretta (Linnaeus, 1758)
●甲長：65 ～ 100cm
●分布：太平洋、インド洋、大西洋、
地中海の温帯から熱帯の海

生態・野外➡98頁

幼体：飼育個体

成体：飼育個体

◆ **タイマイ** ウミガメ科タイマイ属
Eretmochelys imbricata (Linnaeus, 1758)
●甲長：50 ～ 110cm
●分布：太平洋、インド洋、大西洋のサンゴ礁の海

生態・野外➡99頁

幼体：飼育個体

成体：飼育個体

◆ **オサガメ** オサガメ科オサガメ属
Dermochelys coriacea (Vandelli, 1761)
●甲長：150 ～ 180cm
●分布：太平洋、インド洋、大西洋、
地中海の熱帯から温帯の海

生態・野外➡99頁

成体：飼育個体

◆ **ニホントカゲ** トカゲ科トカゲ属　　卵・幼体 ➡61頁
Plestiodon japonicus (Peters, 1864)　　生態・野外 ➡100頁
- ●全長：15 〜 27cm
- ●分布：紀伊半島南部を除く近畿地方以西の本州・四国・九州と周辺の島

幼体：京都府京都市

オス：京都府京都市

メス：京都府京都市

◆ **ヒガシニホントカゲ** トカゲ科トカゲ属　　卵・幼体 ➡62頁
Plestiodon finitimus Okamoto et Hikida, 2012　　生態・野外 ➡103頁
- ●全長：13 〜 27cm
- ●分布：紀伊半島南部を含む伊豆半島を除く近畿地方以東の本州、北海道。
　　ロシアの沿海州

幼体：神奈川県相模原市

オス：神奈川県相模原市

メス：神奈川県相模原市

◆ **オカダトカゲ** トカゲ科トカゲ属　　卵・幼体 ➡62頁
Plestiodon latiscutatus Hallowell, 1861　　生態・野外 ➡104頁
- ●全長：15 〜 27cm
- ●分布：富士川、酒匂川、富士山より南の伊豆半島、熱海沖の初島、
　　伊豆諸島の伊豆大島から青ヶ島までの島々

幼体：東京都 伊豆大島

オス：東京都 伊豆大島

オス：東京都 八丈島

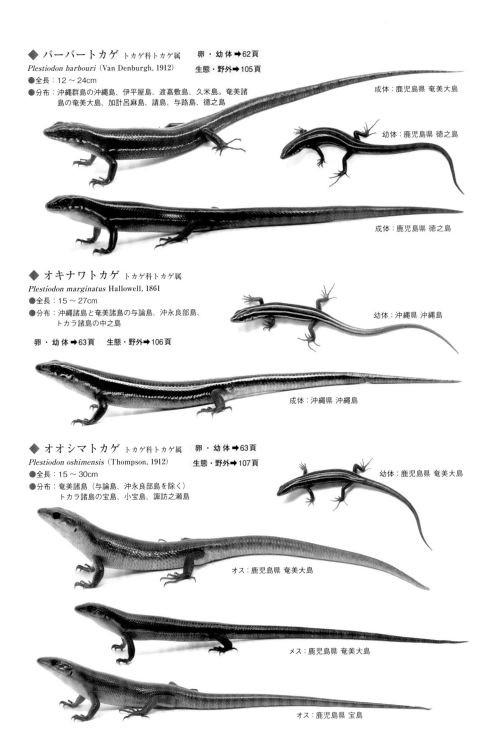

◆ バーバートカゲ トカゲ科トカゲ属

卵・幼体 ➡ 62頁
生態・野外 ➡ 105頁

Plestiodon barbouri (Van Denburgh, 1912)
- ●全長：12～24cm
- ●分布：沖縄群島の沖縄島、伊平屋島、渡嘉敷島、久米島。奄美諸島の奄美大島、加計呂麻島、請島、与路島、徳之島

成体：鹿児島県 奄美大島

幼体：鹿児島県 徳之島

成体：鹿児島県 徳之島

◆ オキナワトカゲ トカゲ科トカゲ属

Plestiodon marginatus Hallowell, 1861
- ●全長：15～27cm
- ●分布：沖縄諸島と奄美諸島の与論島、沖永良部島、トカラ諸島の中之島

卵・幼体 ➡ 63頁　**生態・野外 ➡ 106頁**

幼体：沖縄県 沖縄島

成体：沖縄県 沖縄島

◆ オオシマトカゲ トカゲ科トカゲ属

卵・幼体 ➡ 63頁
生態・野外 ➡ 107頁

Plestiodon oshimensis (Thompson, 1912)
- ●全長：15～30cm
- ●分布：奄美諸島（与論島、沖永良部島を除く）トカラ諸島の宝島、小宝島、諏訪之瀬島

幼体：鹿児島県 奄美大島

オス：鹿児島県 奄美大島

メス：鹿児島県 奄美大島

オス：鹿児島県 宝島

◆ **イシガキトカゲ** トカゲ科トカゲ属

Plestiodon stimpsonii (Thompson, 1912)

●全長：12 〜 21㎝

●分布：与那国島を除く八重山諸島

卵・幼体 ➡63頁

生態・野外 ➡108頁

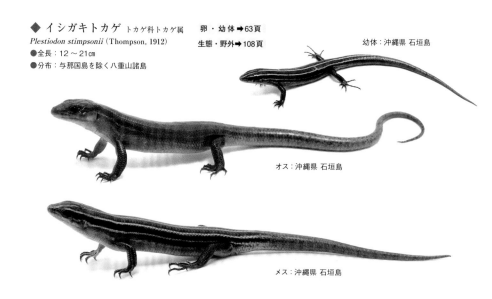

幼体：沖縄県 石垣島

オス：沖縄県 石垣島

メス：沖縄県 石垣島

◆ **クチノシマトカゲ** トカゲ科トカゲ属

Plestiodon kuchinoshimensis Kurita et Hikida, 2014

●全長：15 〜 27㎝

●分布：トカラ諸島の口之島

卵・幼体 ➡63頁

生態・野外 ➡109頁

成体：鹿児島県 口之島

◆ **センカクトカゲ** トカゲ科トカゲ属

Plestiodon takarai Kurita, Ota, et Hikida, 2017

●全長：14 〜 20㎝

●分布：尖閣諸島の魚釣島、南小島、北小島、久場島

生態・野外 ➡110頁

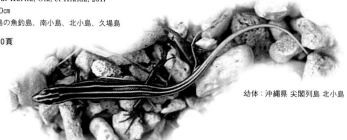

幼体：沖縄県 尖閣列島 北小島

有鱗目トカゲ亜目トカゲ科

◆ キシノウエトカゲ トカゲ科トカゲ属

Plestiodon kishinouyei (Stejneger, 1901)
- 全長：30 〜 40cm
- 分布：八重山諸島、宮古諸島

卵・幼体 ➡64頁　　生態・野外 ➡111頁

オス：沖縄県 与那国島

メス：沖縄県 西表島

◆ オガサワラトカゲ トカゲ科オガサワラトカゲ属

卵・幼体 ➡65頁
生態・野外 ➡112頁

Cryptoblepharus nigropunctatus (Hallowell, 1861)
- 全長：11 〜 14cm
- 分布：小笠原諸島、鳥島、南鳥島、南硫黄島

成体：東京都 小笠原諸島母島

◆ **サキシマスベトカゲ** トカゲ科スベトカゲ属
Scincella boettgeri (Van Denburgh, 1912)

● 全長：8〜13㎝
● 分布：宮古諸島、八重山諸島

卵・幼体➡65頁
生態・野外➡114頁

成体：沖縄県 宮古島

成体：沖縄県 石垣島

◆ **ヨナグニスベトカゲ** トカゲ科スベトカゲ属
Scincella dunan Koizumi, Ota, et Hikida, 2022

● 全長：6〜11㎝
● 分布：八重山諸島の与那国島

生態・野外➡115頁

成体：沖縄県 与那国島

成体：沖縄県 与那国島

◆ **ツシマスベトカゲ** トカゲ科スベトカゲ属
Scincella vandenburghi (Schmidt, 1927)

● 全長：8〜10㎝
● 分布：長崎県の対馬。朝鮮半島と済州島

生態・野外➡116頁

成体：長崎県 対馬

成体：長崎県 対馬

有鱗目トカゲ亜目トカゲ科

◆ ヘリグロヒメトカゲ トカゲ科ヘリグロヒメトカゲ属 生態・野外➡118頁
Ateuchosaurus pellopleurus (Hallowell, 1861)
●全長：8〜14cm
●分布：奄美諸島、トカラ諸島、大隅諸島の竹島、黒島、硫黄島、沖縄諸島

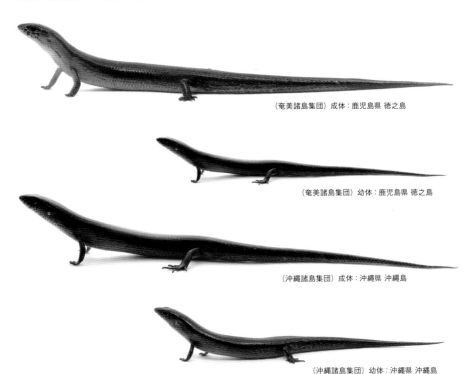

（奄美諸島集団）成体：鹿児島県 徳之島

（奄美諸島集団）幼体：鹿児島県 徳之島

（沖縄諸島集団）成体：沖縄県 沖縄島

（沖縄諸島集団）幼体：沖縄県 沖縄島

◆ ミヤコトカゲ トカゲ科ミヤコトカゲ属 卵・幼体➡65頁
生態・野外➡120頁
Emoia atrocostata atrocostata (Lesson, 1830)
●全長：17〜20cm
●分布：宮古諸島の宮古島、伊良部島。東南アジアからオセアニアの島々

成体：沖縄県 宮古島

有鱗目トカゲ亜目 トカゲ科

◆ **コモチカナヘビ** カナヘビ科コモチカナヘビ属　　卵・幼体 ➡66頁
Zootoca vivipara (Lichtenstein, 1823)　　　　　　生態・野外 ➡121頁
● 全長：14 〜 18cm
● 分布：北海道北部のサロベツ原野、猿払原野、稚内。
　　　　ヨーロッパからロシアの沿海州、サハリン

成体：北海道天塩郡

◆ **ニホンカナヘビ** カナヘビ科カナヘビ属
Takydromus tachydromoides (Schlegel, 1838)
● 全長：16 〜 27cm
● 分布：北海道から九州と周辺の島、種子島、
　　　　屋久島からトカラ諸島の諏訪之瀬島まで

　卵・幼体 ➡66頁　　生態・野外 ➡122頁

幼体：滋賀県大津市

オス：埼玉県東松山市

メス：鹿児島県 屋久島

メス：和歌山県東牟婁郡

◆ **アムールカナヘビ** カナヘビ科カナヘビ属　　卵・幼体 ➡67頁
Takydromus amurensis Peters, 1881　　　　　　生態・野外 ➡126頁
● 全長：22 〜 26cm
● 分布：長崎県の対馬。ロシアの沿海州、中国東北部、朝鮮半島

オス：長崎県 対馬

◆ アオカナヘビ カナヘビ科カナヘビ属
Takydromus smaragdinus Boulenger, 1887
- 全長：20 ～ 28cm
- 分布：沖縄諸島、奄美諸島、トカラ諸島の宝島、小宝島

卵・幼体 ➡67頁　生態・野外 ➡127頁

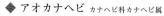

幼体：沖縄県 沖縄島

オス：沖縄県 沖縄島

メス：沖縄県 沖縄島

◆ ミヤコカナヘビ カナヘビ科カナヘビ属
Takydromus toyamai Takeda et Ota, 1996
- 全長：16 ～ 22cm
- 分布：宮古諸島の宮古島、伊良部島、来間島

卵・幼体 ➡67頁
生態・野外 ➡128頁

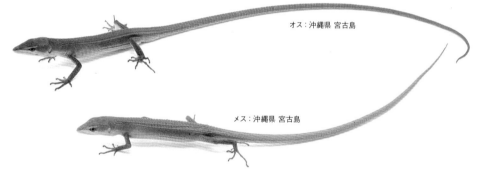

オス：沖縄県 宮古島

メス：沖縄県 宮古島

◆ サキシマカナヘビ カナヘビ科カナヘビ属
Takydromus dorsalis Stejneger, 1904
- 全長：25 ～ 32cm
- 分布：八重山諸島の石垣島、西表島、黒島

卵・幼体 ➡67頁
生態・野外 ➡129頁

成体：沖縄県 石垣島

有鱗目トカゲ亜目 カナヘビ科

◆ **オキナワキノボリトカゲ** アガマ科キノボリトカゲ属　　卵・幼体 ➡ 68頁
Diploderma polygonatum polygonatum Hallowell, 1861　　生態・野外 ➡ 130頁
● 全長：18 〜 22cm
● 分布：沖縄諸島、奄美諸島。宮崎県日南市、鹿児島県指宿市、屋久島に移入

オス：沖縄県 沖縄島

メス：沖縄県 沖縄島

◆ **サキシマキノボリトカゲ** アガマ科キノボリトカゲ属　　卵・幼体 ➡ 68頁
Diploderma polygonatum ishigakiense (Van Denburgh, 1912)　　生態・野外 ➡ 132頁
● 全長：15 〜 19cm
● 分布：宮古諸島の宮古島、伊良部島、来間島。八重山諸島の石垣島、小浜島、西表島

オス：沖縄県 石垣島

メス：沖縄県 石垣島

◆ **ヨナグニキノボリトカゲ** アガマ科キノボリトカゲ属　　卵・幼体 ➡ 68頁
Diploderma polygonatum donan (Ota, 2003)　　生態・野外 ➡ 134頁
● 全長：15 〜 20cm
● 分布：八重山諸島の与那国島

オス：沖縄県 与那国島

メス：沖縄県 与那国島

◆ スウィンホーキノボリトカゲ アガマ科キノボリトカゲ属　生態・野外➡135頁
Diploderma swinhonis (Günther, 1864)
● 全長：15 〜 20cm
● 分布：宮崎県日向市に移入（静岡県磐田市の集団は駆除された）。原産地は台湾

オス：飼育個体

メス：飼育個体

◆ グリーンアノール イグアナ科アノールトカゲ属　生態・野外➡136頁
Anolis carolinensis Voigt, 1832
● 全長：12 〜 20cm
● 分布：小笠原諸島の父島、母島、沖縄島南部に移入。原産地は北アメリカ南部、
　　　　西インド諸島。ハワイ諸島やグアム島にも帰化

成体：東京都 小笠原父島

◆ グリーンイグアナ イグアナ科イグアナ属　生態・野外➡137頁
Iguana iguana (Linnaeus, 1758)
● 全長：150 〜 220cm
● 分布：八重山諸島の石垣島北部に移入。
　　　　原産地は中央・南アメリカ

幼体：飼育個体

オス：飼育個体

◆ **ニホンヤモリ** ヤモリ科ヤモリ属

Gekko japonicus (Duméril et Bibron, 1836)

● 全長：10 〜 14cm

● 分布：本州、四国、九州、対馬。中国東部、
　　　　朝鮮半島南部

卵・幼体➡69頁

生態・野外➡138頁

幼体：滋賀県大津市

成体：滋賀県大津市

成体（腹側）：滋賀県大津市

◆ **タワヤモリ** ヤモリ科ヤモリ属

Gekko tawaensis Okada, 1956

● 全長：10 〜 14cm

● 分布：四国と本州・九州の瀬戸内海沿岸部と周辺の島

卵・幼体➡69頁　　生態・野外➡141頁

成体：愛媛県西宇和郡

成体：愛媛県西宇和郡

◆ **ニシヤモリ** ヤモリ科ヤモリ属
Gekko sp.
● 全長：11 〜 14cm
● 分布：長崎県、熊本県、鹿児島県北部の東シナ海沿岸、
　　　　長崎県の平戸島、男女群島、福江島、久賀島、
　　　　中通島等

　卵・幼体 ➡ 69頁
　生態・野外 ➡ 142頁

成体：長崎県平戸市

成体：長崎県平戸市

◆ **ヤクヤモリ** ヤモリ科ヤモリ属
Gekko yakuensis Matsui et Okada, 1968
● 全長：13 〜 15cm
● 分布：屋久島、種子島、馬毛島、九州南部、長崎県の黒島、
　　　　野島

　卵・幼体 ➡ 70頁
　生態・野外 ➡ 143頁

成体：鹿児島県 屋久島

成体：鹿児島県 屋久島

◆ **タカラヤモリ** ヤモリ科ヤモリ属
Gekko shibatai Toda, Sengoku, Hikida, et Ota, 2008
● 全長：12 〜 14cm
● 分布：トカラ諸島の宝島と小島

　卵・幼体 ➡ 70頁　　**生態・野外 ➡ 144頁**

成体：鹿児島県 宝島

成体：鹿児島県 宝島

◆ ミナミヤモリ ヤモリ科ヤモリ属

卵・幼体➡70頁
生態・野外➡145頁

Gekko hokouensis Pope, 1928

●全長：10～13㎝

●分布：琉球諸島から九州南部まで。伊豆諸島の八丈島や五島列島に移入。中国東部、台湾

成体：沖縄県
宮古島

成体：鹿児島県
奄美大島

成体：鹿児島県
徳之島

成体：沖縄県
石垣島

成体：沖縄県
与那国島

◆ アマミヤモリ ヤモリ科ヤモリ属

Gekko vertebralis Toda, Sengoku, Hikida, et Ota, 2008

●全長：10～14㎝

●分布：トカラ諸島の小宝島、奄美諸島の奄美大島、
加計呂麻島、与路島、請島、徳之島

卵・幼体➡71頁　生態・野外➡146頁

成体：鹿児島県 小宝島

成体：鹿児島県 小宝島

◆ **オキナワヤモリ** ヤモリ科ヤモリ属
Gekko sp.
- ●全長：10 〜 14cm
- ●分布：沖縄諸島の沖縄島北部、久米島、
  伊平屋島、伊是名島、渡名喜島、水納島

卵・幼体 ➡71頁　生態・野外 ➡147頁

成体：沖縄県 沖縄島

成体：沖縄県 伊平屋島

◆ **ホオグロヤモリ** ヤモリ科ナキヤモリ属
Hemidactylus frenatus Duméril et Bibron, 1836
- ●全長：9 〜 13cm
- ●分布：徳之島以南の南西諸島と小笠原諸島。
  世界中の熱帯から亜熱帯地域

生態・野外 ➡148頁

成体：沖縄県 宮古島

成体：沖縄県 石垣島

成体：沖縄県 石垣島

◆ **タシロヤモリ** ヤモリ科ナキヤモリ属
Hemidactylus bowringii (Gray, 1845)
- ●全長：9 〜 12cm
- ●分布：奄美諸島の奄美大島、喜界島、宮古諸島の宮古島、多良間島。
  中国南部、台湾、インドシナ半島、インド東北部等

生態・野外 ➡150頁

成体：鹿児島県 奄美大島

成体：鹿児島県 奄美大島

◆ **キノボリヤモリ** ヤモリ科キノボリヤモリ属　　生態・野外➡151頁
Hemiphyllodactylus typus typus Bleeker, 1860
●全長：6〜8cm
●分布：宮古諸島の宮古島、多良間島。八重山諸島の石垣島、西表島、波照間島。東南アジア、ニューギニア、太平洋の島々

成体：沖縄県 石垣島

成体：沖縄県 石垣島

◆ **ミナミトリシマヤモリ** ヤモリ科シマヤモリ属　　生態・野外➡151頁
Perochirus ateles (Duméril, 1856)
●全長：12〜19cm
●分布：小笠原諸島の南鳥島、南硫黄島。
　　　　ミクロネシアの島々

成体：北マリアナ諸島

◆ **オンナダケヤモリ** ヤモリ科フトオヤモリ属　　生態・野外➡152頁
Gehyra mutilata (Wiegmann, 1834)
●全長：8〜12cm
●分布：徳之島以南の南西諸島。東南アジア、太平洋からインド洋の島々、北・中央アメリカ沿岸

成体：鹿児島県 奄美大島

成体：鹿児島県 奄美大島

◆ オガサワラヤモリ　ヤモリ科オガサワラヤモリ属　　卵・幼体➡71頁

Lepidodactylus lugubris (Duméril et Bibron, 1836)　　生態・野外➡154頁

●全長：7〜9cm

●分布：小笠原諸島と沖縄諸島、宮古諸島、八重山諸島、大東諸島。
　　　　太平洋、インド洋の島々

成体：東京都 小笠原諸島母島

成体：沖縄県 石垣島

成体：沖縄県 沖縄島

[　大東諸島における
　　模様の変異　]

成体：沖縄県 北大東島

成体：沖縄県 南大東島

有鱗目トカゲ亜目 ヤモリ科

◆ **オビトカゲモドキ** トカゲモドキ科トカゲモドキ属

卵・幼体 ➡72頁
生態・野外 ➡156頁

Goniurosaurus splendens (Nakamura et Uéno, 1959)
● 全長：12 ～ 14cm
● 分布：奄美諸島の徳之島

成体：鹿児島県 徳之島

成体：鹿児島県 徳之島

◆ **クロイワトカゲモドキ** トカゲモドキ科トカゲモドキ属

卵・幼体 ➡72頁
生態・野外 ➡158頁

Goniurosaurus kuroiwae kuroiwae (Namiye, 1912)
● 全長：14 ～ 19cm
● 分布：沖縄諸島の沖縄島、古宇利島、瀬底島、屋我地島

成体：沖縄県 沖縄島南部

成体：沖縄県 沖縄島南部

成体：沖縄県 沖縄島北部

成体：沖縄県 沖縄島北部

◆ **イヘヤトカゲモドキ** トカゲモドキ科トカゲモドキ属

生態・野外 ➡160頁

Goniurosaurus kuroiwae toyamai Grismer, Ota et Tanaka, 1994
● 全長：13 ～ 15cm
● 分布：沖縄諸島の伊平屋島

成体：沖縄県 伊平屋島

幼体：沖縄県 伊平屋島

◆ クメトカゲモドキ
トカゲモドキ科　生態・野外➡161頁
トカゲモドキ属

Goniurosaurus kuroiwae yamashinae (Okada, 1936)
- ●全長：12 〜 14cm
- ●分布：沖縄諸島の久米島

成体：沖縄県 久米島

◆ マダラトカゲモドキ
トカゲモドキ科　生態・野外➡162頁
トカゲモドキ属

Goniurosaurus kuroiwae orientalis (Maki, 1930)
- ●全長：13 〜 15cm
- ●分布：沖縄諸島の渡名喜島、伊江島

成体：沖縄県 渡名喜島

◆ ケラマトカゲモドキ
トカゲモドキ科　生態・野外➡163頁
トカゲモドキ属

Goniurosaurus kuroiwae sengokui Honda et Ota, 2017
- ●全長：13 〜 15cm
- ●分布：沖縄諸島の渡嘉敷島、阿嘉島

成体：沖縄県 渡嘉敷島

◆ **ブラーミニメクラヘビ** メクラヘビ科インドメクラヘビ属
Indotyphlops braminus (Daudin, 1803)
● 全長：16 ～ 20cm
● 分布：トカラ諸島以南の琉球諸島、小笠原諸島、八丈島、九州等。
　　　　乾燥地を除く世界の熱帯、亜熱帯地域

生態・野外➡164頁

成体：沖縄県 宮古島

◆ **イワサキセダカヘビ** セダカヘビ科セダカヘビ属
Pareas iwasakii (Maki, 1937)
● 全長：50 ～ 70cm
● 分布：八重山諸島の石垣島と西表島

生態・野外➡165頁

成体：沖縄県 石垣島

成体：沖縄県 石垣島

◆ **タカチホヘビ** タカチホヘビ科タカチホヘビ属
Achalinus spinalis Peters, 1869
● 全長：30 ～ 60cm
● 分布：本州、四国、九州と周辺の島

卵・幼体➡73頁　　生態・野外➡166頁

幼体：滋賀県大津市

成体：滋賀県高島市

◆ **アマミタカチホヘビ** タカチホヘビ科タカチホヘビ属
Achalinus werneri Van Denburgh, 1912
● 全長：20 〜 55cm
● 分布：奄美諸島の奄美大島、枝手久島、
　　　　加計呂麻島、徳之島。
　　　　沖縄諸島の沖縄島、渡嘉敷島

卵・幼体 ➡ 73頁

生態・野外 ➡ 167頁

成体：沖縄県 沖縄島

幼体：沖縄県 沖縄島

◆ **ヤエヤマタカチホヘビ** タカチホヘビ科タカチホヘビ属
Achalinus formosanus chigirai Ota et Toyama, 1989
● 全長：37 〜 45cm
● 分布：八重山諸島の石垣島と西表島

生態・野外 ➡ 168頁

成体：沖縄県 石垣島

◆ **リュウキュウアオヘビ** ナミヘビ科ナミヘビ亜科アオヘビ属
Cyclophiops semicarinatus (Hallowell, 1861)
● 全長：70 〜 80cm
● 分布：奄美諸島、沖縄諸島。トカラ諸島の宝島、小宝島

卵・幼体 ➡ 73頁

生態・野外 ➡ 169頁

成体：鹿児島県 奄美大島

幼体：鹿児島県 奄美大島

◆ **サキシマアオヘビ** ナミヘビ科ナミヘビ亜科アオヘビ属
Cyclophiops herminae (Boulenger, 1895)
● 全長：50 〜 85cm
● 分布：八重山諸島の石垣島、小浜島、黒島、西表島、波照間島

卵・幼体 ➡ 73頁　　**生態・野外 ➡ 170頁**

幼体：
沖縄県 石垣島

成体：沖縄県 石垣島

有鱗目ヘビ亜目 タカチホヘビ科／ナミヘビ科

◆ アカマタ ナミヘビ科ナミヘビ亜科オオカミヘビ属
Lycodon semicarinatus (Cope, 1860)
●全長：80 ～ 170cm
●分布：沖縄諸島、奄美諸島

卵・幼体➡74頁
生態・野外➡171頁

成体：鹿児島県 奄美大島

幼体：沖縄県 沖縄島

◆ アカマダラ ナミヘビ科ナミヘビ亜科オオカミヘビ属
Lycodon rufozonatus rufozonatus Cantor, 1842
●全長：60 ～ 120cm
●分布：長崎県の対馬、尖閣諸島の魚釣島。インドシナ北部、
　　　　中国、台湾、ロシアの沿海州、朝鮮半島

卵・幼体➡74頁
生態・野外➡172頁

幼体：長崎県 対馬

成体：長崎県 対馬

◆ サキシママダラ ナミヘビ科ナミヘビ亜科オオカミヘビ属
Lycodon rufozonatus walli (Stejneger, 1907)
●全長：50 ～ 100cm
●分布：八重山諸島、宮古諸島

生態・野外➡173頁

成体：沖縄県 石垣島

成体：沖縄県 宮古島

成体：沖縄県 与那国島

◆ サキシマバイカダ ナミヘビ科ナミヘビ亜科オオカミヘビ属

Lycodon multifasciatus (Maki, 1931)

卵・幼体➡74頁
生態・野外➡174頁

- 全長：70 〜 80cm
- 分布：八重山諸島の石垣島と西表島。宮古諸島の宮古島、伊良部島

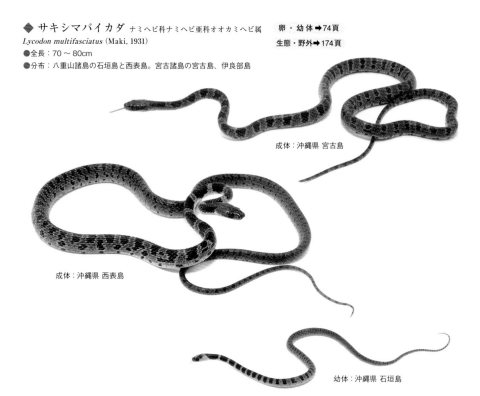

成体：沖縄県 宮古島

成体：沖縄県 西表島

幼体：沖縄県 石垣島

◆ シロマダラ ナミヘビ科ナミヘビ亜科オオカミヘビ属

Lycodon orientalis (Hilgendorf, 1880)

卵・幼体➡75頁
生態・野外➡175頁

- 全長：30 〜 70cm
- 分布：北海道、本州、四国、九州と周辺の島、
奥尻島、佐渡島、伊豆大島、隠岐、壱岐、
五島列島、種子島、屋久島、硫黄島

成体：滋賀県高島市

幼体：京都府城陽市

◆ **ジムグリ** ナミヘビ科ナミヘビ亜科ジムグリ属

Euprepiophis conspicillatus (Boie, 1826)

● 全長：70 〜 100cm
● 分布：北海道から九州までとその周辺の島。
  国後島、伊豆大島、隠岐、壱岐、五島列島、
  屋久島、種子島等

卵・幼体 ➡ 75頁

生態・野外 ➡ 176頁

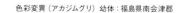

成体：滋賀県高島市

幼体：京都府城陽市

色彩変異（アカジムグリ）幼体：福島県南会津郡

◆ **アオダイショウ** ナミヘビ科ナミヘビ亜科ナメラ属

Elaphe climacophora (Boie, 1826)

● 全長：110 〜 190cm
● 分布：北海道から九州までとその周辺の島。
  伊豆大島から神津島。トカラ諸島の口之島より北の薩南諸島、
  佐渡島、隠岐、壱岐、対馬、五島列島、国後島、奥尻島

卵・幼体 ➡ 76頁　　生態・野外 ➡ 178頁

成体：滋賀県大津市

幼体：滋賀県大津市

色彩変異：飼育個体

有鱗目ヘビ亜目ナミヘビ科

◆ シマヘビ ナミヘビ科ナミヘビ亜科ナメラ属

卵・幼体 ➡77頁　　生態・野外 ➡182頁

Elaphe quadrivirgata (Boie, 1826)

- ●全長：80 〜 150cm
- ●分布：北海道から九州までとその周辺の島。国後島、
　　　　佐渡島、伊豆諸島は御蔵島より北、隠岐、壱岐、
　　　　五島列島、トカラ諸島、口之島より北

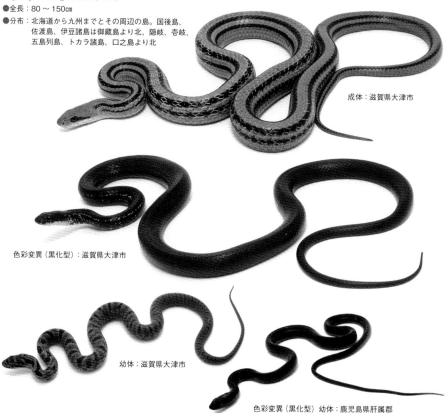

成体：滋賀県大津市

色彩変異（黒化型）：滋賀県大津市

幼体：滋賀県大津市

色彩変異（黒化型）幼体：鹿児島県肝属郡

シマヘビの脱皮

❶ 脱皮前1

❷ 脱皮前2

❸ 脱皮中1

❹ 脱皮中2

❺ 脱皮終了

※脱皮のぬけがらは裏返しになっている。

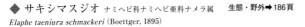

◆ **サキシマスジオ** ナミヘビ科ナミヘビ亜科ナメラ属　　生態・野外➡186頁

Elaphe taeniura schmackeri (Boettger, 1895)

● 全長：160 〜 220㎝
● 分布：宮古諸島の宮古島、伊良部島。八重山諸島の石垣島、
　　　　西表島、小浜島

成体：沖縄県 宮古島

幼体：沖縄県 石垣島

◆ **タイワンスジオ** ナミヘビ科ナミヘビ亜科ナメラ属

Elaphe taeniura friesi (Werner, 1926)

● 全長：220 〜 270㎝
● 分布：沖縄島中部に移入。原産地は台湾

卵・幼体➡78頁　　生態・野外➡187頁

成体：
飼育個体

◆ **シュウダ** ナミヘビ科ナミヘビ亜科ナメラ属

Elaphe carinata carinata (Günther, 1864)

● 全長：150 〜 260㎝
● 分布：中国東部からインドシナ半島北部。尖閣諸島の
　　　　魚釣島、南小島、北小島、台湾

生態・野外➡187頁

成体：
飼育個体

◆ **ヨナグニシュウダ** ナミヘビ科ナミヘビ亜科ナメラ属

Elaphe carinata yonaguniensis Takara, 1962

● 全長：160 〜 200㎝
● 分布：八重山諸島の与那国島

卵・幼体➡78頁　　生態・野外➡188頁

幼体：沖縄県 与那国島

成体：
沖縄県 与那国島

有鱗目ヘビ亜目 ナミヘビ科

◆ **ミヤラヒメヘビ** ナミヘビ科ヒメヘビ亜科ヒメヘビ属　　生態・野外➡189頁

Calamaria pavimentata miyarai Takara, 1962

●全長：27 ～ 37cm
●分布：八重山諸島の与那国島

成体：沖縄県 与那国島

幼体：沖縄県 与那国島

◆ **ミヤコヒメヘビ** ナミヘビ科ヒメヘビ亜科ヒメヘビ属　　生態・野外➡190頁

Calamaria pfefferi Stejneger, 1901

●全長：16 ～ 20cm
●分布：宮古諸島の宮古島、伊良部島

成体：沖縄県 宮古島

幼体：沖縄県 与那国島

◆ **キクザトサワヘビ** ナミヘビ科ユウダ亜科サワヘビ属

Opisthotropis kikuzatoi (Okada et Takara, 1958)

●全長：50 ～ 60cm
●分布：沖縄諸島の久米島

生態・野外➡192頁

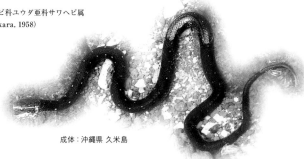

成体：沖縄県 久米島

◆ ガラスヒバァ ナミヘビ科ユウダ亜科ヒバカリ属
Hebius pryeri (Boulenger, 1887)
- ●全長：75 ～ 110cm
- ●分布：沖縄諸島、奄美諸島

卵・幼体 ➡79頁

生態・野外 ➡193頁

成体：鹿児島県 奄美大島

幼体：沖縄県 久米島

成体：鹿児島県 徳之島

成体：沖縄県 沖縄島

成体：沖縄県 伊平屋島

幼体：沖縄県 渡名喜島

◆ ダンジョヒバカリ ナミヘビ科ユウダ亜科ヒバカリ属
Hebius vibakari danjoensis (Toriba, 1986)
- ●全長：18 ～ 34cm
- ●分布：長崎県の男女群島の男島

生態・野外 ➡192頁

成体：長崎県 男女群島

◆ **ヒバカリ** ナミヘビ科ユウダ亜科ヒバカリ属
Hebius vibakari vibakari (Boie, 1826)
●全長：40～60cm
●分布：本州、四国、九州と周辺の島。佐渡島、舳倉島、隠岐、壱岐、五島列島、下甑島等

卵・幼体 ➡ 78頁　　生態・野外 ➡ 196頁

成体：滋賀県大津市

幼体：滋賀県大津市

◆ **ミヤコヒバア** ナミヘビ科ユウダ亜科ヒバカリ属
Hebius concelarus (Malnate, 1963)
●全長：40～66cm
●分布：宮古諸島の宮古島、伊良部島

生態・野外 ➡ 198頁

成体：沖縄県 宮古島

幼体：沖縄県 宮古島

◆ **ヤエヤマヒバア** ナミヘビ科ユウダ亜科ヒバカリ属
Hebius ishigakiensis (Malnate et Munsterman, 1960)
●全長：70～95cm
●分布：八重山諸島の石垣島、西表島

生態・野外 ➡ 200頁

成体：沖縄県 石垣島

幼体：沖縄県 石垣島

◆ ヤマカガシ ナミヘビ科ユウダ亜科ヤマカガシ属

卵・幼体➡79頁
生態・野外➡202頁

Rhabdophis tigrinus (Boie, 1826)
●全長：65 ～ 100cm
●分布：本州、四国、九州と周辺の島、佐渡島、
　　　　隠岐、壱岐、五島列島、屋久島、種子島

成体：滋賀県高島市

成体：兵庫県三田市

成体：滋賀県大津市

成体：長崎県 五島列島

成体：大分県院内町

成体：福岡県北九州市

幼体：滋賀県高島市

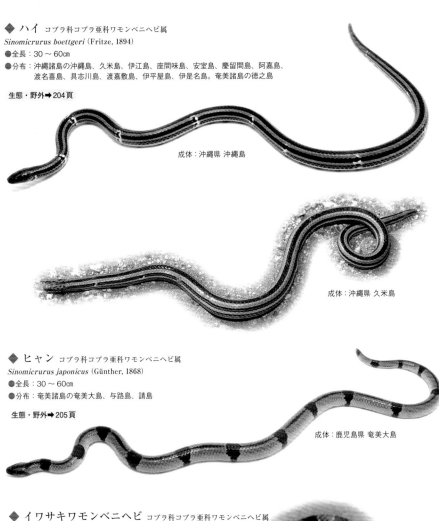

◆ ハイ コブラ科コブラ亜科ワモンベニヘビ属
Sinomicrurus boettgeri (Fritze, 1894)
- 全長：30 〜 60cm
- 分布：沖縄諸島の沖縄島、久米島、伊江島、座間味島、安室島、慶留間島、阿嘉島、渡名喜島、具志川島、渡嘉敷島、伊平屋島、伊是名島。奄美諸島の徳之島

生態・野外➡204頁

成体：沖縄県 沖縄島

成体：沖縄県 久米島

◆ ヒャン コブラ科コブラ亜科ワモンベニヘビ属
Sinomicrurus japonicus (Günther, 1868)
- 全長：30 〜 60cm
- 分布：奄美諸島の奄美大島、与路島、請島

生態・野外➡205頁

成体：鹿児島県 奄美大島

◆ イワサキワモンベニヘビ コブラ科コブラ亜科ワモンベニヘビ属
Sinomicrurus iwasakii (Maki, 1935)
- 全長：30 〜 50cm
- 分布：八重山諸島の石垣島と西表島

生態・野外➡205頁

成体：飼育個体

有鱗目ヘビ亜目 コブラ科／コブラ科コブラ亜科

◆ クロガシラウミヘビ コブラ科ウミヘビ亜科ウミヘビ属
Hydrophis melanocephalus Gray, 1849
●全長：80 〜 140cm
●分布：奄美諸島以南の琉球列島。
　　　　台湾、中国、フィリピン沿岸
生態・野外➡206頁

成体：沖縄県 石垣島

◆ クロボシウミヘビ コブラ科ウミヘビ亜科ウミヘビ属
Hydrophis ornatus maresinensis Mittleman, 1947
●全長：80 〜 90cm
●分布：奄美諸島以南の琉球列島。台湾、東アジア南部沿岸
生態・野外➡206頁

成体：沖縄県 沖縄島

◆ セグロウミヘビ コブラ科ウミヘビ亜科ウミヘビ属
Hydrophis platurus (Linnaeus, 1766)
●全長：50 〜 80cm
●分布：日本近海は北海道南部まで。
　　　　太平洋、インド洋の熱帯〜温帯域
生態・野外➡206頁

成体：沖縄県 沖縄島

◆ マダラウミヘビ コブラ科ウミヘビ亜科ウミヘビ属
Hydrophis cyanocinctus Daudin, 1803
●全長：110 〜 180cm
●分布：奄美諸島以南の琉球列島。
　　　　台湾から東アジア南部を経てペルシャ湾
生態・野外➡207頁

成体：沖縄県 沖縄島

◆ ヨウリンウミヘビ コブラ科ウミヘビ亜科ウミヘビ属
Hydrophis stokesii (Gray, 1846)
●全長：150 〜 170cm
●分布：ペルシャ湾から南シナ海、東南アジア、
　　　　オーストラリア東部
生態・野外➡207頁

成体：沖縄県 沖縄島

◆ アオマダラウミヘビ コブラ科ウミヘビ亜科エラブウミヘビ属

Laticauda colubrina (Schneider, 1799)
- ●全長：80 〜 150cm
- ●分布：トカラ列島から琉球列島。東アジア、オーストラリア沿岸、
　　　ベンガル湾、南太平洋

生態・野外➡207頁

成体：沖縄県 石垣島

◆ エラブウミヘビ コブラ科ウミヘビ亜科エラブウミヘビ属

Laticauda semifasciata (Reinwardt, 1837)
- ●全長：70 〜 150cm
- ●分布：九州南部から琉球列島。台湾、中国、フィリピン、
　　　インドネシア沿岸

生態・野外➡208頁

幼体：沖縄県 沖縄島

◆ ヒロオウミヘビ コブラ科ウミヘビ亜科エラブウミヘビ属

Laticauda laticaudata (Linnaeus, 1758)
- ●全長：70 〜 120cm
- ●分布：屋久島以南の琉球列島。東アジアから
　　　オーストラリア沿岸、ベンガル湾、南太平洋

生態・野外➡208頁

成体：沖縄県 沖縄島

◆ イイジマウミヘビ コブラ科ウミヘビ亜科カメガシラウミヘビ属

Emydocephalus ijimae Stejneger, 1898
- ●全長：50 〜 90cm
- ●分布：トカラ列島以南の琉球列島。台湾、中国沿岸

生態・野外➡208頁

成体：沖縄県 座間味島

有鱗目ヘビ亜目 コブラ科ウミヘビ亜科

◆ トカラハブ クサリヘビ科マムシ亜科ハブ属
Protobothrops tokarensis (Nagai, 1928)
- ●全長：60 〜 100cm
- ●分布：トカラ諸島の宝島、小宝島

卵・幼体➡80頁

生態・野外➡209頁

幼体：鹿児島県 宝島

色彩変異：鹿児島県 宝島

成体：鹿児島県 宝島

◆ ハブ クサリヘビ科マムシ亜科ハブ属
Protobothrops flavoviridis (Hallowell, 1861)
- ●全長：100 〜 200cm
- ●分布：沖縄諸島と奄美諸島。粟国島、伊是名島、喜界島、沖永良部島、与論島には分布しない

卵・幼体➡80頁

生態・野外➡210頁

成体：鹿児島県 徳之島

成体：鹿児島県 奄美大島

成体：沖縄県 沖縄島

◆ サキシマハブ クサリヘビ科マムシ亜科ハブ属
Protobothrops elegans (Gray, 1849)
- ●全長：60 〜 120cm
- ●分布：八重山諸島の石垣島、竹富島、小浜島、黒島、西表島。沖縄島に移入

卵・幼体➡81頁　生態・野外➡214頁

成体：沖縄県 石垣島

◆ タイワンハブ クサリヘビ科マムシ亜科ハブ属
Protobothrops mucrosquamatus (Cantor, 1839)
- ●全長：70 〜 120cm
- ●分布：沖縄島に移入。原産地は中国、台湾、インドシナ半島北部

生態・野外➡215頁

成体：沖縄県 沖縄島

◆ **ヒメハブ** クサリヘビ科マムシ亜科ヤマハブ属
Ovophis okinavensis (Boulenger, 1892)
● 全長：30〜80cm
● 分布：沖縄諸島と奄美諸島

卵・幼体 ➡81頁　生態・野外 ➡216頁

成体：沖縄県 沖縄島

幼体：沖縄県 沖縄島

◆ **ニホンマムシ** クサリヘビ科マムシ亜科マムシ属
Gloydius blomhoffii (Boie, 1826)
● 全長：40〜65cm
● 分布：北海道、本州、四国、九州と
　　　　対馬を除く周辺の島

卵・幼体 ➡81頁　生態・野外 ➡218頁

成体：滋賀県高島市

幼体：滋賀県高島市

◆ **ツシママムシ** クサリヘビ科マムシ亜科マムシ属
Gloydius tsushimaensis (Isogawa, Moriya et Mitsui, 1994)
● 全長：40〜60cm
● 分布：長崎県の対馬

卵・幼体 ➡81頁　生態・野外 ➡220頁

幼体：長崎県 対馬

成体：長崎県 対馬

有鱗目ヘビ亜目 クサリヘビ科マムシ亜科

爬虫類は意外と身近にいる

　「爬虫類を探すにはどんな場所がいいですか」とよく質問を受ける。「珍しい種類はここにいるんだよ」とは伝えにくいが、カメにしろ、トカゲにしろ、ヘビにしろ、意外と身近な場所に暮らしていることが多い。その理由は後で述べるが、みつけるポイントは会いたい生き物がどんな所に暮らしているかを調べることにある。僕もフィールドワーカーの図鑑を読んで、みつけるコツを習得した者の一人だ。闇雲に探すより、ずっと効率がよくなるはずだ。

　爬虫類は自由気ままに活動する野生動物であるため大部分は「運だのみ」となるが、主な活動時間帯や大まかな生息環境等は調べることができる。昼行性の種類のカメ、トカゲ、ヘビは、日中に日光浴をしていることが多い。爬虫類は変温動物であるため体温を高めないと動きが鈍いからだ。しかし日が昇ると彼らの動作はとても俊敏になり、向こうが先にこちらの気配を感じとるとあっという間にいなくなってしまう。残るのはカサコソと落ち葉の上を移動する音、池に飛び込む音、波紋だけであり、おまけに悔しさもついてくる。成功率を上げるには、生息環境を考えてみるのもいいだろう。ヘビは餌となる生き物が多い場所に多い。ネズミを食べる種類なら、河原や民家周辺といったネズミの餌が豊富にある場所で目撃例が増える。カエルを食べる種類なら、カエルが卵を産む場所やジメジメした湿地に多い。住家棲のヤモリなら、文字通りの人家の近くに多い。街灯の明かりが主な狩場であり、暖かい民家が彼らの寝床や冬眠場所となっている。

　このように爬虫類を探す場所は意外にも身近にあることがわかるだろう。暖かい時期に探せば一度に何種類もみつけることができるし、沖縄等の南の島なら種類はさらに豊富で、色合いもカラフルになる。

　爬虫類は身近な生き物の象徴と言える存在ではないだろうか。身近であれば何度も観察に行けるという魅力もある。うまく近寄る方法がわからなくても大丈夫。不思議なことに何度か失敗するとコツがわかってくるものだ。ちょっと慣れてくると観察の楽しさは倍増する。私がそうだったように、爬虫類にのめりこんでいってしまうかもしれない。もっともっと生き物に接してほしい。

第 2 章
卵・幼体

■日本に生息する爬虫類の卵や幼体を掲載
■卵から幼体の姿をまとめて比較

第2章の使い方
∨

標準和名 ────

撮影地等の
個体情報 ────

目、科の分類 ────

── 1章、3章の
掲載頁

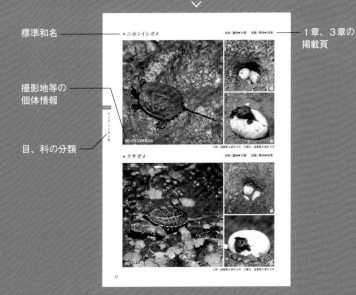

◆ ニホンイシガメ

生体・識別➡14頁　　生態・野外➡84頁

幼体：滋賀県大津市 9 月

①卵：滋賀県大津市 6 月　②孵化：滋賀県大津市 8 月

◆ クサガメ

生体・識別➡14頁　　生態・野外➡86頁

幼体：滋賀県大津市 7 月

①卵：滋賀県大津市 6 月　②孵化：滋賀県大津市 8 月

カメ目 イシガメ科

◆ ミナミイシガメ

生体・識別➡15頁　　生態・野外➡88頁

幼体：滋賀県大津市 9月

①卵：滋賀県大津市 6月　②孵化：滋賀県大津市 8月

カメ目 イシガメ科

◆ ヤエヤマイシガメ

生体・識別➡15頁
生態・野外➡89頁

幼体：沖縄県 与那国島 7月

◆ ヤエヤマセマルハコガメ

生体・識別➡15頁
生態・野外➡91頁

幼体：沖縄県 西表島 8月

◆ リュウキュウヤマガメ

生体・識別➡15頁
生態・野外➡90頁

幼体：沖縄県 沖縄島 7月

◆ ミシシッピアカミミガメ

生体・識別➡16頁　生態・野外➡92頁

幼体：兵庫県姫路市 8 月

孵化：兵庫県姫路市 7 月

◆ カミツキガメ

生体・識別➡16頁　生態・野外➡94頁

幼体：飼育個体 9 月

幼体：飼育個体 9 月

◆ ニホンスッポン

生体・識別➡17頁　生態・野外➡95頁

幼体：滋賀県草津市 8 月

①卵：滋賀県草津市 6 月　②孵化：滋賀県草津市 7 月

カメ目 ヌマガメ科／カミツキガメ科／スッポン科

◆ ニホントカゲ

生体・識別➡22頁　生態・野外➡100頁

幼体：滋賀県大津市 7月

【ニホントカゲ メスの子育て奮闘記】

写真①〜⑤：滋賀県大津市 7月

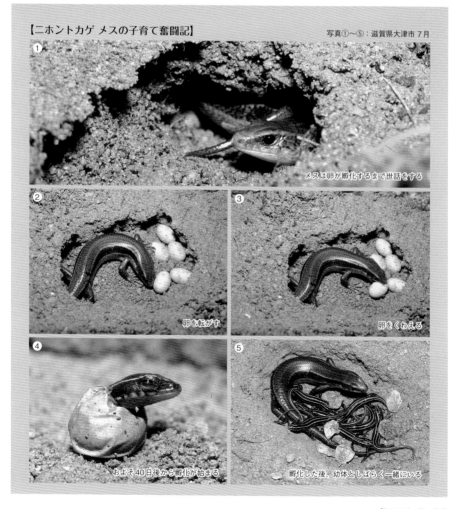

① メスは卵が孵化するまで世話をする

② 卵を転がす

③ 卵をくわえる

④ およそ40日後から孵化が始まる

⑤ 孵化した後、幼体としばらく一緒にいる

◆ ヒガシニホントカゲ

生体・識別➡22頁　生態・野外➡103頁

幼体：神奈川県相模原市 7月

◆ オカダトカゲ

生体・識別➡22頁　生態・野外➡104頁

幼体：東京都 八丈小島 6月

卵を守るメス：東京都 伊豆大島 7月

卵：東京都 伊豆大島 7月

◆ バーバートカゲ

生体・識別➡23頁　生態・野外➡105頁

幼体：鹿児島県・奄美大島 7月

◆ オキナワトカゲ

生体・識別➡23頁　　生態・野外➡106頁

幼体：沖縄県 沖縄島 8月

◆ オオシマトカゲ

生体・識別➡23頁　　生態・野外➡107頁

幼体：鹿児島県 奄美大島 10月

◆ イシガキトカゲ

生体・識別➡24頁　　生態・野外➡108頁

幼体：沖縄県 石垣島 7月

◆ クチノシマトカゲ

生体・識別➡24頁　　生態・野外➡109頁

亜成体と
鹿児島県 口之島 8月

幼体：
鹿児島県 口之島 8月

有鱗目トカゲ亜目 トカゲ科

◆ キシノウエトカゲ

生体・識別➡25頁　　生態・野外➡111頁

①幼体　②カニを捕食する幼体　③幼体（正面顔）　④幼体（横顔）：沖縄県 西表島 9月

◆ オガサワラトカゲ

生体・識別➡25頁
生態・野外➡112頁

孵化：東京都 小笠原諸島父島 7月

◆ ミヤコトカゲ

生体・識別➡27頁
生態・野外➡120頁

卵：沖縄県 宮古島 7月

◆ サキシマスベトカゲ

生体・識別➡26頁　生態・野外➡114頁

①孵化：沖縄県 宮古島 7月　②卵：沖縄県 宮古島 6月　③孵化：沖縄県 宮古島 7月

有鱗目トカゲ亜目 トカゲ科

◆ コモチカナヘビ

生体・識別➡28頁　生態・野外➡121頁

幼体：北海道天塩郡7月

◆ ニホンカナヘビ

生体・識別➡28頁　生態・野外➡122頁

①卵：滋賀県高島市7月　②孵化が始まる　③顔が出た　④後肢が出た：滋賀県高島市8月　⑤幼体：滋賀県高島市9月

有鱗目トカゲ亜目　カナヘビ科

◆ アムールカナヘビ

生体・識別➡28頁
生態・野外➡126頁

卵：長崎県 対馬 6月

孵化：長崎県 対馬 7月

◆ アオカナヘビ

生体・識別➡29頁
生態・野外➡127頁

孵化：沖縄県 沖縄島 7月

◆ ミヤコカナヘビ

生体・識別➡29頁
生態・野外➡128頁

幼体：沖縄県 宮古島 9月

◆ サキシマカナヘビ

生体・識別➡29頁
生態・野外➡129頁

孵化：沖縄県 石垣島 7月

有鱗目トカゲ亜目 カナヘビ科

◆ オキナワキノボリトカゲ

生体・識別➡30頁　生態・野外➡130頁

幼体：沖縄県 沖縄島 9月

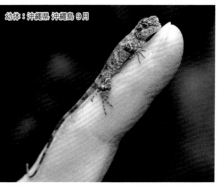

幼体：沖縄県 沖縄島 9月

◆ サキシマキノボリトカゲ

生体・識別➡30頁　生態・野外➡132頁

幼体：沖縄県 石垣島 9月

幼体：沖縄県 石垣島 9月

◆ ヨナグニキノボリトカゲ

生体・識別➡30頁　生態・野外➡134頁

幼体：沖縄県 与那国島 10月

◆ ニホンヤモリ

生体・識別➡32頁　生態・野外➡138頁

幼体：滋賀県大津市8月

①卵：滋賀県大津市5月　②孵化：滋賀県大津市8月

◆ タワヤモリ

生体・識別➡32頁
生態・野外➡141頁

卵：愛媛県西宇和郡9月

幼体：愛媛県西宇和郡9月

◆ ニシヤモリ

生体・識別➡33頁
生態・野外➡142頁

卵：長崎県平戸市7月

幼体：長崎県平戸市7月

◆ ヤクヤモリ

生体・識別➡33頁
生態・野外➡143頁

卵：鹿児島県 屋久島 7月

◆ タカラヤモリ

生体・識別➡33頁
生態・野外➡144頁

卵：鹿児島県 宝島 7月

◆ ミナミヤモリ

生体・識別➡34頁　　生態・野外➡145頁

①

②

③

①卵　②孵化　③幼体：沖縄県 宮古島 9月

◆ アマミヤモリ

生体・識別➡34頁　生態・野外➡146頁

卵：鹿児島県 奄美大島 8月

◆ オキナワヤモリ

生体・識別➡35頁　生態・野外➡147頁

幼体：沖縄県 伊平屋島 9月

◆ オガサワラヤモリ

生体・識別➡37頁　生態・野外➡154頁

卵：沖縄県 宮古島 9月

幼体：沖縄県 宮古島 9月

有鱗目トカゲ亜目ヤモリ科

◆ オビトカゲモドキ

生体・識別➡38頁　　生態・野外➡156頁

幼体（正面顔）：鹿児島県 徳之島 7月

①幼体　②幼体（しっぽ）：鹿児島県 徳之島 7月

◆ クロイワトカゲモドキ

生体・識別➡38頁　　生態・野外➡158頁

幼体（横顔）：沖縄県 沖縄島南部 9月

①幼体　②幼体（正面顔）：沖縄県 沖縄島北部 9月

有鱗目トカゲ亜目 トカゲモドキ科

◆ タカチホヘビ

生体・識別➡40頁
生態・野外➡166頁

幼体：滋賀県高島市7月

◆ アマミタカチホヘビ

生体・識別➡41頁
生態・野外➡167頁

幼体：沖縄県 沖縄島9月

◆ リュウキュウアオヘビ

生体・識別➡41頁　　生態・野外➡169頁

①孵化　②幼体　③幼体（横顔）：沖縄県 沖縄島9月

◆ サキシマアオヘビ

生体・識別➡41頁　　生態・野外➡170頁

幼体：沖縄県 石垣島9月

幼体（横顔）：沖縄県 石垣島9月

有鱗目 ヘビ亜目 タカチホヘビ科／ナミヘビ科

◆ アカマタ

生体・識別➡42頁　　生態・野外➡171頁

幼体：
鹿児島県 奄美大島 9月

幼体（横顔）：鹿児島県 奄美大島 9月

◆ アカマダラ

生体・識別➡42頁　　生態・野外➡172頁

①幼体　②幼体（横顔）：長崎県 対馬 8月

◆ サキシマバイカダ

生体・識別➡43頁　　生態・野外➡174頁

①孵化　②幼体：沖縄県 石垣島 9月

◆ シロマダラ

生体・識別➡43頁　　生態・野外➡175頁

① 孵化　② 孵化　③ 幼体：滋賀県大津市 7 月

◆ ジムグリ

生体・識別➡44頁　　生態・野外➡176頁

① 孵化　② 幼体　③ 幼体（横顔）：滋賀県大津市 7 月

◆ アオダイショウ

生体・識別➡44頁　　生態・野外➡178頁

①卵　②孵化　③幼体　④幼休（横顔）：滋賀県大津市 8月

◆ 岩国の白蛇（アオダイショウ）

生体・識別➡44頁　　生態・野外➡180頁

①卵の殻　②幼体　③幼体（横顔）　④幼体：山口県岩国市 飼育個体 9月

◆ シマヘビ

生体・識別➡45頁　生態・野外➡182頁

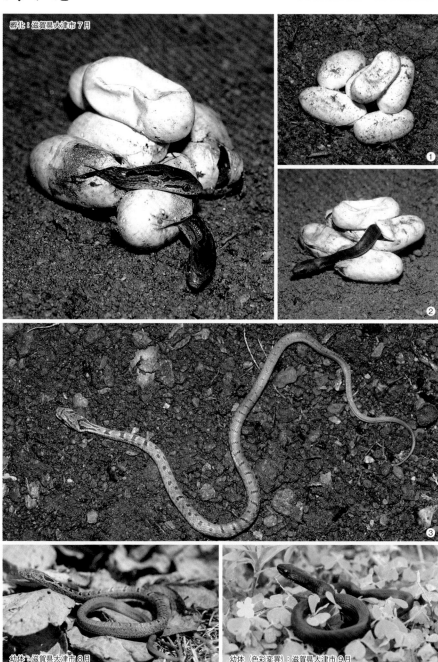

孵化：滋賀県大津市7月

①

②

③

幼体：滋賀県大津市8月

幼体（色彩変異）：滋賀県大津市9月

①卵：滋賀県大津市6月　②孵化（色彩変異）：滋賀県大津市7月　③幼体：滋賀県大津市8月

◆ タイワンスジオ

生体・識別➡46頁
生態・野外➡187頁

◆ ヨナグニシュウダ

生体・識別➡46頁
生態・野外➡188頁

幼体：飼育個体 10月

幼体：沖縄県 与那国島 10月

幼体（横顔）：沖縄県 与那国島 10月

◆ ヒバカリ

生体・識別➡49頁　　生態・野外➡196頁

①卵：滋賀県大津市 6月　②孵化：滋賀県大津市 8月　③幼体　④幼体（横顔）：滋賀県大津市 9月

有鱗目ヘビ亜目 ナミヘビ科

◆ ガラスヒバァ

生体・識別➡48頁　　生態・野外➡193頁

幼体：沖縄県 沖縄島 10月

◆ ヤマカガシ

生体・識別➡50頁　　生態・野外➡202頁

孵化：滋賀県高島市 8月

幼体：滋賀県高島市 7月

◆ トカラハブ

生体・識別➡54頁　生態・野外➡209頁

①産卵したメス：鹿児島県 宝島 7月　②孵化：鹿児島県 宝島 8月　③卵：鹿児島県 宝島 7月　④幼体：鹿児島県 宝島 8月

◆ ハブ

生体・識別➡54頁　生態・野外➡210頁

幼体：沖縄県 沖縄島 9月

有鱗目ヘビ亜目 クサリヘビ科マムシ亜科

◆ サキシマハブ
生体・識別➡54頁
生態・野外➡214頁

幼体：沖縄県 沖縄島9月

◆ ヒメハブ
生体・識別➡55頁
生態・野外➡216頁

幼体：
鹿児島県 奄美大島7月

幼体：
沖縄県 伊平屋島9月

◆ ニホンマムシ
生体・識別➡55頁　生態・野外➡218頁

幼体：滋賀県大津市7月

威嚇する幼体：
滋賀県大津市7月

◆ ツシママムシ
生体・識別➡55頁　生態・野外➡220頁

幼体：長崎県 対馬5月

有鱗目ヘビ亜目クサリヘビ科マムシ亜科

フィールドノートから今を考える

　写真撮影専門の僕は飼育をしないようにしているが、フィールドで出会った魅力的な生き物たちを飼ってみたいと思うことはある。先人が飼育を通して得た知見は多く、その根底には観察と記録があるからだ。

　そして、観察と記録はフィールドでも力を発揮する。まず生き物をみつけたら、その生息環境を記録してみよう。形式にとらわれずイラスト中心に書きとめることから始めるのがいいかもしれない。決められた記録の取り方よりも自分が気になることを書けば自然とうまくなる。帰宅したらその日のうちにパソコンに整理する。自宅には長年続けているフィールドノートが保管されており、今ではこれが僕の宝箱になっている。できるだけ正確に記録を残すために、時には捕まえて細部を調べてみたり、お腹をしごいて何を食べているか吐き戻させたりもする。1日の動きを調べる、1年間の動きを調べる、産卵場所を特定する等、観察を続けていると次から次へとやりたいことが頭に浮かんでくる。爬虫類について知られている知見はいまだほんの一握りでしかないため、やれることはたくさんあるのだ。もしかしたら新たな発見やこれまで知られていない生き物に出会うことだってできるかもしれない。そして、そのきっかけはフィールドワークとフィールドノートから得られるのだ。

　最近、爬虫類をみなくなったという話を耳にするが、その証拠はフィールドノートにもしっかりと記されている。ノートに書かれていた生息地はどんどん減っていて、彼らに出会う機会も激減している。悲しいことに、こんなに楽しいフィールド遊びができる場所が確実に減っているのだ。環境省のレッドデータブックはますます分厚くなっている。みたことがない生き物が掲載されることは喜ばしいことに思えるが、本当はそうではないのだ。

　今後、爬虫類の厳しい現状を広く知らせることができるのは、皆さんがこれから行うであろう地道なフィールドノートによるかもしれない。まずは最低限のマナーを守りつつ、生き物観察に行ってみることから始めよう。それが、このすばらしき爬虫類の世界を守ることになる。いつまでも身近な生き物であってほしい。

第3章

生態・野外

■日本に生息する爬虫類のフィールドで撮影した美しい生態写真を掲載
■体の特徴や生息地等の情報を詳細に解説

第3章の使い方
∨

目、科の分類 ——

標準和名

1章、2章の
掲載頁

撮影地等の
個体情報

生物学的特徴や
生息地の情報

1日光浴する場所を探す：京都府京都市 9月　2岩にそっくり：京都府京都市 8月　3息を吸う：京都府京都市 9月　4横顔：京都府京都市 9月

◆ニホンイシガメ

生体・識別➡14頁
卵・幼体➡58頁

　日本固有種。関東・甲信越地方より西の本州、四国、九州と周辺の島に自然分布する。山間部や丘陵地、山のふもとにある河川や湖沼、水田、水路等、綺麗な水と自然がいまなお残る環境を好む。背甲は茶褐色から黄褐色で、四肢は橙色がかることがある。腹甲は黒い。背甲の中央が高く盛り上がり、甲羅の後縁がギザギザしている。雌雄に大きさの差が

⑤川辺で日光浴中：滋賀県甲賀市5月　⑥産卵：兵庫県姫路市6月　⑦水中で冬眠する：滋賀県高島市2月

あり、メスはオスの2倍くらいの大きさになる。雑食性で植物質、動物質を食べる。秋から春にかけて水中で交尾をして、6〜8月に1〜2度、地面に穴を掘って4〜10個の卵を産む。子ガメは甲羅が平たく丸いため「銭亀」と呼ばれていた（クサガメやスッポンの子ガメもそう呼ばれる）。特に小さい時は甲羅の後縁がギザギザしている。ペットとして飼われていたカメの遺棄や江戸時代に移入されたクサガメの分布拡大、ミシシッピアカミ

ミガメの侵入による競争等で激減し、川の上流や山のふもとで生き残っている。最近よくみつかるようになったイシガメとクサガメの雑種は「ウンキュウ」や「イシクサガメ」と呼ばれ、両方の特徴や中間的な特徴を持っている。生活圏が奪われるだけでなく、遺伝的にも様々な問題が起こっていることは確かであり、護岸整備がさらに追い討ちをかけていることは言うまでもない。環境省RL2020では準絶滅危惧に指定されている。

①日光浴する場所を探す：滋賀県大津市 7 月　②正面顔（水中）：滋賀県大津市 5 月　③横顔：滋賀県草津市 6 月

◆ クサガメ

生体・識別➡14頁　　卵・幼体➡58頁

　これまでは日本在来のカメだと思われてい
たが、近年の研究により江戸時代に朝鮮半島
から九州北部に持ち込まれたものが明治以後
に西日本に広がったと考えられている。また、
1970 年代に香港経由で輸入された中国系の
ものが関東地方や九州にみられる。国外では
中国大陸東部・東南部、朝鮮半島に分布。池
や河川の中・下流域、田んぼや水路に生息す

る。背甲には 3 列のキールがあり、甲羅の後
方はなめらか。若い個体やメスには首に黄色
い模様があるが、オスは成熟すると全身が真
っ黒になる。手で捕まえると嫌なにおいを出
すことから「臭亀」と呼ばれている。雑食性
で、魚、アメリカザリガニ、貝類等固いもの
も食べる。春から夏にかけて 1 ～ 3 回産卵し、
一度に 4 ～ 11 個の卵を産む。

カメ目 イシガメ科

4 産卵場へ向かうメス：滋賀県草津市6月　5 産卵：兵庫県姫路市6月　6 泳ぐ：滋賀県大津市5月　7 起き上がる：滋賀県草津市6月

Chapter.3　生態・野外　87

①日中、水路に現れた：滋賀県大津市 ５月 ②夜間田んぼを移動する：滋賀県大津市 ７月 ③交尾中 ④横顔：滋賀県大津市 ５月

◆ ミナミイシガメ

生体・識別➡15頁
卵・幼体➡59頁

　京都府、大阪府、滋賀県でみられるが、外来種であると考えられている。国外では中国南部や台湾等に分布。夜行性で田植えがおわると水田や丘陵地の水路で姿がみられる。甲羅がなめらかで、眼の後方に黄色い筋がある。オスの腹側は大きくへこむ。雑食性で、色々なものを食べる。６〜７月に卵を産む。京都市の天然記念物に指定されている。

1 成体と幼体：沖縄県 宮古島 9 月　2 横顔：沖縄県 西表島 7 月
3 夜間、川辺を移動する：沖縄県 石垣島 8 月　4 正面顔：沖縄県 宮古島 9 月

◆ ヤエヤマイシガメ

生体・識別 ➡ 15頁
卵・幼体 ➡ 59頁

　日本固有亜種。石垣島、西表島、与那国島に分布する。ほかの先島諸島、沖縄諸島、大東諸島の一部に移入。夜行性で水田脇の水路を移動する個体や、泥っぽい湿地でもみられる。甲羅が扁平で幅広く、甲羅の色はミナミイシガメに比べると明るい。環境省RL2020では絶滅危惧Ⅱ類、また石垣市の自然環境保全条例の保全種に指定されている。

①林道に現れた：沖縄県 沖縄島 9月　②雨の日に移動するオス：沖縄県 沖縄島 7月　③ミミズを食べる：沖縄県 久米島 9月　④横顔：沖縄県 沖縄島 9月

◆ リュウキュウヤマガメ　生体・識別➡15頁　卵・幼体➡59頁

　日本固有種。沖縄諸島の沖縄島、渡嘉敷島、久米島に分布する。湿潤な自然林や二次林の林床にすむ。背甲の後縁はギザギザしている。4〜9月頃に1〜2個を2〜3回産卵。渓流沿いでみかけることが多く雑食性で木の実、ミミズ、陸貝等を食べる。環境省RL2020では絶滅危惧Ⅱ類、また種の保存法の国内希少野生動植物種、国の天然記念物に指定されている。

1 道路を横断中：沖縄県 西表島 9月　2 雨上がりに現れる：沖縄県 西表島 7月　3 夜間は隠れて寝る：沖縄県 石垣島 10月　4 横顔：沖縄県 西表島 6月

◆ ヤエヤマセマルハコガメ　生体・識別➡15頁
　　　　　　　　　　　　　卵・幼体➡59頁

日本固有亜種。八重山諸島の石垣島と西表島に分布する。沖縄島、久米島、宮古島、黒島に移入。湿潤な自然林や二次林でみかける。背甲はドーム状に盛り上がり、腹甲は蝶番構造。4〜6月に1〜3回産卵。雑食性で木の実、ミミズ、陸貝等を食べる。環境省RL2020では絶滅危惧Ⅱ類、また国の天然記念物、石垣市の自然環境保全条例の保全種に指定。

1 4尾並んで日光浴中：滋賀県高島市 5月　2 神社の池では餌を求めて集まる：大阪府大阪市 6月　3 横顔：滋賀県草津市 6月

◆ ミシシッピアカミミガメ

生体・識別➡16頁
卵・幼体➡60頁

　国内では北海道、本州、四国、九州、ほとんどの有人島に定着している。原産地は北アメリカの五大湖南岸からメキシコ湾岸で、東アジアや東南アジア各地にも移入。川の中・下流、池沼、神社の池等に多くみられる。汚れた水でもすむことができるため分布を拡大している。1950年代から「ミドリガメ」の名前で大量に輸入されたが、大型化による飼

④琵琶湖岸で日光浴中：滋賀県高島市 7 月　⑤産卵中：兵庫県姫路市 6 月　⑥甲羅に藻類が生える：滋賀県大津市 7 月

育放棄や個体の逃亡等により野外で確認され
るようになった。特に飼育放棄が目立ったの
は、この亀に起因したサルモネラ菌騒動が起
こった後である。
　子ガメは甲羅がきれいな緑色で、ペットと
して人気が高く安価で売られる。成長に伴っ
て緑色は消え、若い個体から年をとった個体
の背甲には緑色、黄色、褐色の模様がある。
名前の由来となった眼の後方にある赤い模様
から単にアカミミガメと呼ばれることが多

い。オスは爪が長くなり、メスをみつけると
顔の前に回り込み、前肢を伸ばし、その爪を
小刻みに震わせ求愛する。オスは成長に伴い
頭部を中心に全身が黒化してくる。日光浴を
好み、四肢をピンと伸びをしているような状
態で行うことがある。雑食性で、主にアメリ
カザリガニや死んだ魚、水生昆虫等を食べる。
成長すると水生植物をよく食べるようにな
り、ハス、レンコンに被害が出ている。5〜
8月に一度に2〜25個程度の卵を産む。

1 正面顔　2 成体：飼育個体 9 月

◆ カミツキガメ

生体・識別➡16頁　　卵・幼体➡60頁

　日本には主に北アメリカ原産の個体がペットとして移入。大きくなりすぎたために持て余され捨てられた個体が各地でみつかり、マスコミを騒がせている。千葉県の印旛沼周辺では自然繁殖している。川や池等の水草が茂っている場所でみられる。背甲には３本のキールがあり、後縁はギザギザしている。頭は大きく、完全に甲羅にしまい込むことができ

ない。ワニガメと混同されやすいが、カミツキガメは背甲がなめらか。主に魚類、貝類、甲殻類を食べる。春から初夏にかけて、一度に20〜40個産卵。襲ってくることはないが、気性が荒く、顎の力が強いため噛まれると大怪我をする。環境省の特定外来生物に指定されており、飼育するには環境省の許可が必要になる。

①産卵に来たメス：滋賀県草津市6月 ②成体 ③水面に浮上する：滋賀県彦根市7月 ④横顔：滋賀県草津市6月

◆ニホンスッポン

生体・識別➡17頁
卵・幼体➡60頁

　日本では甲羅が丸い在来集団と細長い外来集団の生息が報告されている。背甲には亀甲がなく、薄い皮で覆われている。首が長く伸び、吻も長く先端に鼻孔を有し、水かきが発達している等独特な形態を持つ。主に魚や甲殻類、貝類等を食べ、6～8月に8～50個の卵を産む。環境省RL2020では情報不足に指定されている。

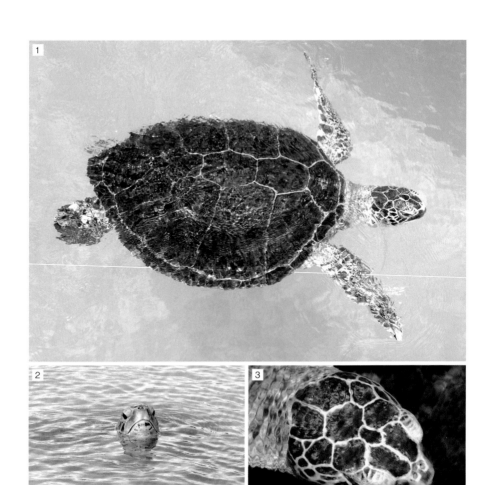

①成体：飼育個体 6 月　②息を吸うため水面に顔を出す：東京都 小笠原 5 月　③頭部：飼育個体 6 月

◆ アオウミガメ

生体・識別➡20頁

太平洋、インド洋、大西洋の温帯から熱帯の海にすむ。日本近海でも浅海で餌をとるために回遊していることから、様々な場所で目撃情報があり、漁業の網にかかることも多い。アカウミガメより頭が小さく、甲羅は緑褐色から黒褐色等変異に富む。産卵場所は小笠原諸島や屋久島、種子島以南の南西諸島の砂浜。4〜8月に一度に110個を複数回産卵。30cm以下の幼体がどのような生活を送っているのかよくわかっていない。植物食で、主に海藻や海草を食べる。頭部の前額板が1対しかないことで他種と区別はできるが、クロウミガメとの識別が難しく、クロウミガメの甲羅の方がハート型で黒っぽくなる。環境省RL2020では絶滅危惧II類に指定されている。

①クロウミガメの成体　②頭部：飼育個体 7 月

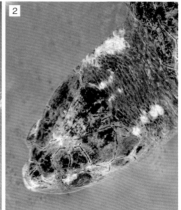

①ヒメウミガメの成体　②頭部：飼育個体 7 月

◆ クロウミガメ　生体・識別➡20頁

　太平洋東部の熱帯からガラパゴス諸島等に分布。日本近海では八重山諸島で初めてみつかったが、本州でも時折みられる。産卵しているかは不明。沿岸域で過ごし、外洋に出ることはほとんどない。背甲は黒ずんだハート形をしており、頭部や四肢も黒味を帯びる。アオウミガメに比べると小型で、四肢の鱗板が小さい。主に海藻や海草を食べる。

◆ ヒメウミガメ　生体・識別➡20頁

　太平洋、大西洋、インド洋の熱帯に分布。日本近海ではまれにみられ、産卵することはない。沿岸域で生活し、外洋に出ることはほとんどない。背甲は楯のような形で、オリーブ色のためオリーブヒメウミガメとも呼ばれる。中米コスタリカでは「アリバダ」と呼ばれる集団産卵を広大な海岸線一帯で行う。魚や甲殻類、軟体動物を食べる。

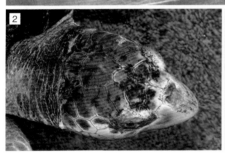

①成体　②頭部　③正面顔：飼育個体 6 月

◆ アカウミガメ

生体・識別➡21頁

　太平洋、インド洋、大西洋、地中海の温帯から熱帯の海にすむ。頭が大きく、甲羅はハート形で赤褐色から黄褐色をしている。日本で生まれた子ガメは黒潮に乗って分散し、太平洋を回遊して北アメリカ大陸周辺の餌の豊富な海で過ごす。60cmを超える個体は太平洋を横断して日本近海まで戻ってくる。主な産卵地は、関東地方から九州にかけての太平洋沿岸や南西諸島で、5～8月にかけて一度に100～120個を複数回産卵。50～70日で孵化し、夜間に海に入る。主に貝類やエビ、カニ、クラゲを食べる。アオウミガメやタイマイとの交雑個体がみつかっている。環境省RL2020では絶滅危惧ⅠB類に指定。また、静岡県御前崎市及び徳島県海部郡美波町の産卵地は国指定の天然記念物に指定されている。

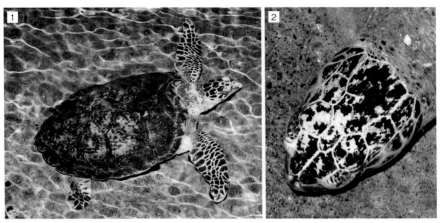

① タイマイの成体：飼育個体 6 月　② 頭部：飼育個体 8 月

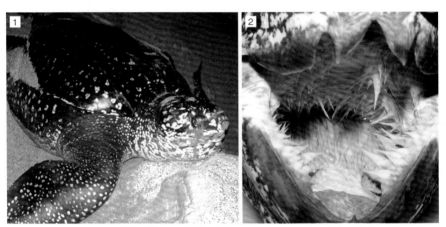

① オサガメの成体：イリアンジャヤ 5 月　② 口の中には無数の突起がある：飼育個体 7 月

カメ目　ウミガメ科／オサガメ科

◆ タイマイ

生体・識別 ➡ 21 頁

　太平洋、インド洋、大西洋のサンゴ礁の海に分布。甲板は瓦状に重なり、くちばしが尖る。主にカイメンを食べる。6〜9 月に約120 個ずつ複数回産卵。奄美諸島以南でもまれに産卵する。甲板がベッコウ細工用に各国から輸入されたが、現在はワシントン条約で規制。環境省 RL2020 で絶滅危惧ⅠB 類に指定されている。

◆ オサガメ

生体・識別 ➡ 21 頁

　太平洋、インド洋、大西洋、地中海に分布。日本近海でも報告例は多い。外洋性で、時速35km で泳ぎ、水深 1,000ｍまで潜ることもできる。亀甲がなく、粒状の骨片が鱗状になって皮膚を覆う。上顎のくちばしは牙状。主にクラゲを食べる。日本では産卵のために上陸することはほとんどなく、産卵場所は熱帯域にある。

①日光浴するオス　②日光浴するメス：滋賀県大津市6月　③冬眠：滋賀県大津市2月

◆ニホントカゲ

生体・識別➡22頁　卵・幼体➡61頁

　日本固有種。近畿地方以南の本州、四国、九州と周辺の島に分布する。山地や平地でみられる。道路脇や石垣や庭先等でよく日光浴している姿を観察できる。日光浴は開始直後には警戒心が強いが、時間が経つにつれてまぶたを閉じて居眠りしたり、四肢を胴体に密着させた独特な姿勢をとる。ただし、物音には敏感で危険を感じるとすぐ目を覚まし、長距離を走ることなく物陰に隠れる。もし敵に襲われることがあっても、「とかげのしっぽきり」と言われるように、尾を容易に自切する。危険が去ると再び日光浴を始める。幼体はメタリックブルーの美しい尾と背中に5本の白い縦条を持つが、オスは2年でこの模様がなくなり始め、全体的に褐色になる。メスは成体になるまで3年ほどかかるが、若いメ

4 日光浴するメス　5 石垣のすき間から顔を出す　6 前肢を密着させて日光浴する：滋賀県大津市 6月

有鱗目トカゲ亜目 トカゲ科

スは幼体の体色を残している。体が茶褐色で鱗にキールがあるニホンカナヘビとは容易に区別できる。

　3月末になると冬眠から覚め、活動を開始する。4〜5月の繁殖期を迎えるとオスは喉元から腹側にかけてオレンジ色に染まり顔も角張った容姿に変貌する。この頃になるとオス同士の激しい闘争がみられることがあり、闘争に勝ったオスは交尾を行う。メスは5月末〜6月初めに巣穴で5〜16卵を産卵する。

卵が孵化する7月末まで巣穴に留まり、卵をなめたり動かしたりして世話をする。10月には冬眠の準備を開始するため索餌行動と日光浴を多く繰り返す。日当たりのよい崖の土中や石垣の隙間に潜って冬眠する。主に昆虫やクモ、ミミズを食べる。ニホントカゲと呼ばれている中から2012年に新種記載されたヒガシニホントカゲと比べると、吻部の上にある2枚の前額板という鱗が互いに接していることが多い。

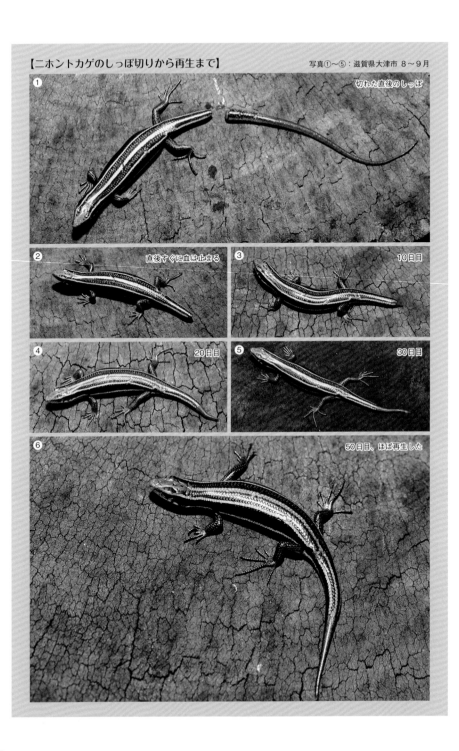

【ニホントカゲのしっぽ切りから再生まで】　写真①〜⑤：滋賀県大津市 8〜9月

① 切れた直後のしっぽ

② 直後すぐに血は止まる

③ 10日目

④ 20日目

⑤ 30日目

⑥ 50日目、ほぼ再生した

①～②日光浴するオス ③日光浴するメス：滋賀県東近江市 5月

◆ ヒガシニホントカゲ

生体・識別➡22頁　　卵 ・ 幼体➡62頁

　国内では、伊豆半島を除く近畿地方以東（境界線は若狭湾から琵琶湖を通って三重県、和歌山県）の本州、北海道と周辺の島。国外ではロシア沿海州に分布する。低地から山地の草むらや石垣、山林等にすむ。日当たりのよい斜面で日光浴をしている姿を目にする。幼体は地色が黒色で5本の白い縦条が入る。尾は青い。オスの成体は褐色で、体側面に茶褐色の太い縦条が入る。繁殖期のオスは頭部から喉元を通り腹部にかけてオレンジ色に染まる。メスは幼体の色彩を残したまま成熟することが多い。尾は自切する。ニホントカゲと比べると吻部の上にある2枚の前額板という鱗が離れていることが多い。主に昆虫やクモを食べる。5～7月に産卵し、メスは卵が孵化するまで世話をする。東北地方の集団は少し異なっていて、体鱗列数は多く、2枚の前額板が接している。

①オスの頭部：東京都 伊豆大島 5月　②メス　③オス：東京都 伊豆大島 7月

◆ オカダトカゲ

生体・識別➡22頁　　卵・幼体➡62頁

　日本固有種。伊豆半島と初島、伊豆諸島の伊豆大島から青ヶ島に分布する。ヒガシニホントカゲとの境界線は、西が富士川、東が酒匂川、北が富士山。山地から海岸、畑、人家周辺にまでみられる。遺伝的には、「伊豆半島・伊豆大島～神津島」、「御蔵島」、「三宅島」、「八丈島・青ヶ島」の4グループにわかれる。体色はヒガシニホントカゲとほぼ変わらない

ものが伊豆半島と伊豆大島、幼体で頭部の模様が薄れるのが利島～神津島、御蔵島。幼体に模様がないのが八丈島や青ヶ島、三宅島は幼体の体色に変異がある。主に昆虫やクモを食べ、6月に3～15卵を産卵。環境省RL2020では、イタチの強い捕食圧を受けている三宅島、八丈島、青ヶ島のものは絶滅のおそれのある地域個体群に指定。

① 日光浴をする　② 道路沿いに現れた：鹿児島県 徳之島 5月　③ 頭部（横顔）：鹿児島県 奄美大島 6月

◆ バーバートカゲ

生体・識別 ➡ 23頁　　卵・幼体 ➡ 62頁

　日本固有種。沖縄諸島や奄美諸島に分布し、湿潤な自然林や二次林にみられる。森の中に生息しており、時には道路脇に出てくることもある。体色に黒い部分が多く黒光りすること、成体でも遅くまで尾に藍色やコバルト色の目を引く色を残していることで、同じ島で海岸や畑等の開けた場所に生息するオオシマトカゲやオキナワトカゲと区別ができる。主に昆虫やクモ、ミミズ等を食べる。7月に孵化した個体がみつかったが、繁殖の詳細は不明。近年の研究で、中琉球に長期間隔離された遺存性の高い動物で、沖縄諸島と奄美諸島の間でも遺伝的に分化している。森林伐採やマングースの捕食により生息数が減少傾向にある。環境省 RL2020 では絶滅危惧Ⅱ類に指定されている。

1 オス　2 オスの頭部：沖縄県 沖縄島 9月　3 コオロギを捕食するメス：沖縄県 沖縄島 8月

◆ オキナワトカゲ

生体・識別➡23頁　　卵・幼体➡63頁

　日本固有種。沖縄諸島の大部分の島と奄美諸島の与論島、沖永良部島、トカラ諸島の中之島に分布する。草地や海岸等低地の開けた場所でみられる。道路脇の草むらから体の前半部をアスファルトに乗り出し日光浴する姿がみられるが、近寄るとすばやい動きで逃げ去る。昆虫やクモ、ミミズ等を食べる。メスは5月に5〜8個の卵を産卵し、孵化するまで世話をする。幼体の背面には5本の縦条があり、このうち中央の縦条が尾の3分の2以上まで伸びることでオオシマトカゲと区別できるが、奄美諸島の与論島、沖永良部島集団は尾の上の縦条が3分の1ほどで、区別できない。イタチやマングースの導入された地域では、激減している。環境省RL2020では絶滅危惧Ⅱ類に指定されている。

①日光浴するオス　②ヘリグロヒメトカゲを捕食：鹿児島県 宝島 6月　③頭部（横顔）　④日光浴するオス：鹿児島県 奄美大島 9月

◆ オオシマトカゲ

生体・識別➡23頁　卵・幼体➡63頁

　日本固有種。与論島、沖永良部島を除く奄美諸島と、トカラ諸島の宝島、小宝島、諏訪之瀬島に分布する。海岸沿いから低地の開けた場所の草むらや石垣でみられる。島嶼間で形態的な変異がみられ、特に体鱗列数に違いがみられる。また、幼体の尾の基部の色彩も少し異なり、宝島の集団では黄色っぽい色をしている。幼体は背面に5本の白い縦条があ

り、そのうち中央の縦条が尾の3分の2までしか伸びないことでオキナワトカゲと区別できる。昆虫やクモ、ミミズ等を食べるが、宝島では大型個体がヘリグロヒメトカゲを襲っていた。7月に7卵産卵した記録がある。イタチやマングースの捕食圧から減少傾向にある。環境省RL2020では準絶滅危惧に指定されている。

1オス　2日光浴する　3メス：沖縄県 石垣島 7月

◆ イシガキトカゲ

生体・識別➡24頁　　卵・幼体➡63頁

　日本固有種。与那国島を除く八重山諸島に分布する。海沿いから自然林まで広く分布し、海沿いの道路で日光浴をする姿がよくみられる。時折幼体が追いかけっこをしているかのように闘争する姿を目にすることもある。幼体は黒い地色に7本の縦条が入るが、外側の下側縦条が薄れている個体もいる。このうち背側縦条は耳孔の上を通る。尾はメタリックブルーで、オスは成長に伴って縦条が消える。5月に石下の隙間に穴を掘り4〜5個を産卵し、メスは孵化するまで世話をする。主に昆虫やクモを食べる。生息地が重なるキシノウエトカゲの幼体とよく似ているが、眼の後方を通る模様が破線状にならないことで区別できる。環境省RL2020では準絶滅危惧に指定されている。

1オスの頭部　2オス　3しっぽが切れた個体：鹿児島県 口之島 7月

◆ クチノシマトカゲ

生体・識別➡24頁　　卵・幼体➡63頁

　日本固有種。トカラ諸島の口之島に分布する。海岸の打ち上げ帯近くのガレ場に多くみられる。また集落内の石垣や草地、集落へ続く路上等でも姿をみることができる。成体の地色は褐色をしている。幼体の地色は茶色がかっており尾の先端は青く基部は黄緑色をしている。背面には5本の縦条が走り、背側縦条は鼓膜から始まる。主に昆虫やクモ、ミミ ズ等を食べる。ニホントカゲに近いと考えられていたが、研究が進むにつれてオキナワトカゲに近いとされた。しかし、さらに詳しく調べると遠く離れた八重山諸島にすむイシガキトカゲに最も近縁で、約150万年前に八重山諸島から洋上分散により口之島へやってきたと推定されている。環境省RL2020では情報不足に指定されている。

幼体：沖縄県 尖閣諸島北小島 8月

◆ センカクトカゲ

生体・識別➡24頁

　日本固有種。尖閣諸島（沖縄県石垣市）の魚釣島、南小島、北小島、久場島に分布する。海岸付近の岩場から草地、山林等で日光浴する姿がみられるようだが、国際問題に揺れる海域にある島であるため調査が進んでおらず、生態等は不明な点が多い。成体は褐色で体側には黒褐色の太い帯があり、大腿部の後側に不規則な大型鱗がある。

　幼体には藍色をした筋模様が入る。メスは6〜7月に6、7個の卵を産卵し、孵化するまで保護するという報告がある。

　海鳥の営巣地では、親鳥が雛に与える餌のおこぼれを食べている。野生化したヤギによる植生の破壊により個体数が減少している島がある。

　センカクトカゲはこれまで、アオスジトカゲとされていた尖閣諸島のトカゲ属の集団が、中国大陸や台湾にすむ集団と系統的に独立した新種だと2017年に記載された。

　この種の研究により、尖閣諸島と中国大陸や台湾は、1万5,000年前までは陸続きだったと示されていたが、より早く独立し隔離されていたことを知る手掛かりになった。

　ここに掲載されている写真は幼体だが、特別な許可を得た調査団が撮影した貴重な生態写真である。

　環境省RL2020では絶滅危惧ⅠB類に指定されている。

アオスジトカゲ（台湾産・飼育個体）

① 日光浴するオス　② 日光浴するメス：沖縄県 西表島 7月

◆ キシノウエトカゲ

生体・識別 ➡ 25頁　　卵・幼体 ➡ 64頁

　日本固有種。八重山諸島、宮古諸島に分布する。日本最大のトカゲで、最大全長40cmにもなる。平地の草地や二次林の林床、海岸や集落周辺でみられる。与那国島では長い直線道路の脇に等間隔で顔を出す大型のキシノウエトカゲがみられるが、近寄るとすばやく隠れる。その後に振り返るとまた同じ場所に並んでいることもある。4～5月に土手に空いた穴の中等で産卵し、孵化するまで世話をする。昆虫やミミズ、カエル等を好んで食べる。オスは赤味を帯びた体色で頭が大きく頭幅が広い。幼体は7本の縦条を持つが、頸部が途切れて破線状になっている。環境省RL2020では絶滅危惧Ⅱ類、また国の天然記念物、宮古島市と石垣市の自然環境保全条例の保全種に指定されている。

1 並んで日光浴：東京都 小笠原諸島母島 5月

◆ オガサワラトカゲ

生体・識別➡25頁　　卵・幼体➡65頁

日本固有種。小笠原諸島、鳥島、南鳥島、南硫黄島に分布する。海岸から森林まで幅広くみられる。森林内の林床にある落ち葉の上を音を立てて逃げる姿や木に登る姿、船着き場で数匹並んで日光浴をする姿がみられることもある。吻端が尖り、地色は茶褐色で黒斑が散在し、体の側面には黒い縦条がみられる。ヘビ類やヤモリ類と同じく、下のまぶたが閉じたままで、透明な1枚の鱗になっている。主に昆虫を食べる。近年外来種のグリーンアノールが生息地に侵入し、食べ物を奪われたり捕食されたりすることで減少傾向にある。小笠原諸島のうち、父島列島の集団と母島列島の集団では遺伝的に異なることが報告されている。環境省RL2020では準絶滅危惧に指定されている。

2 木に登る　3 頭部（横顔）：東京都 小笠原諸島母島 5月

1 日光浴する　2 落ち葉の間で休む　3 頭部：沖縄県 宮古島 10月

◆ サキシマスベトカゲ

生体・識別➡26頁　　卵・幼体➡65頁

　日本固有種。宮古諸島と八重山諸島に分布する。自然林や二次林の日当たりのそれほどよくないやや湿気のある林床でみられる。落ち葉が堆積する環境を好み、このような場所では足で落ち葉を踏みしめるとゴソゴソと音が聞こえ、さらに続けると中から飛び出してくる。また側溝に堆積する落ち葉をめくると出てくることもある。昼行性で四肢が短く体がすべすべしている。背面は赤褐色から暗褐色で黒斑が散在し、体側には上下が白く縁取られた縦条がある。下まぶたに1枚の透明な大きな鱗があり、この鱗越しに外がみえるため、落ち葉の間等を進む際に眼に障害物が当たっても保護される。また土に潜る時にも有効。3〜7月に4〜11個を産卵する。主に昆虫やクモを食べる。

①林道に現れた ②日光浴する ③頭部：沖縄県 与那国島 10月

◆ ヨナグニスベトカゲ

生体・識別➡26頁

　日本固有種。八重山諸島の与那国島に分布する。2022年にサキシマスベトカゲの中から別種として記載された。昼行性で、広葉樹林の林床でみられる。警戒心が強く、人影に気付くと落葉や落枝下に潜り込む。側溝の落ち葉だまりを移動する個体もみかけた。四肢が短く体がスベスベしている。背面は赤褐色から暗褐色で黒斑が散在する。同種とされて

いたサキシマスベトカゲと比較すると、体側にある暗色縦条に明るい斑点が明瞭であることで区別できる。学名のdunanは与那国島を意味する古い地方名で、「崖がそそり立つ島に近寄ることは困難である」ことを意味する。この種がみつかったことにより、琉球列島南部に位置する与那国島の生物地理学がさらにユニークであることを裏付けている。

生体・識別➡26頁

1 日光浴する成体

◆ ツシマスベトカゲ

国内では長崎県の対馬、国外では朝鮮半島、済州島に分布する。平地や山地の林道や川沿い等でみられる。日中に神社の落ち葉の上をカサカサと移動したり、民家の庭先の植木鉢の隙間からひょっこり顔を出したりする姿がみられる。また、倒木の下にいることも多い。体表はなめらかで光沢がある。すべすべしていて、この体を利用して落ち葉の隙間をぬうように走る。暗褐色の地色に黒褐色の縦条が側面に入る。吻端は尖り、下まぶたには透明な窓がある。後肢の第四指の下にある鱗の枚数がサキシマスベトカゲに比べて少なく、また指が短い。主に昆虫類やクモを食べる。生態も生息状況も不明な点が多い。

2 地面を這う　3 頭部（横顔）：長崎県 対馬 5月

1 頭部　2 日光浴をするオス：沖縄県 沖縄島 7月　3 土の中で眠る：沖縄県 沖縄島 2月

◆ ヘリグロヒメトカゲ

生体・識別➡27頁

　日本固有種。大隅諸島の竹島、黒島、硫黄島やトカラ諸島、奄美諸島、沖縄諸島に分布する。低地から山地まで幅広く分布する。日陰で湿った場所を好み、林床の落ち葉や朽木の下、民家の庭先等でもみかける。背面は赤褐色から茶褐色で、体側には縦条がある。背中線上に暗褐色の筋がある個体も多い。胴長短足だが、四肢を動かしてすばやく動く。頭部中央の額板が広く長い。沖縄諸島ではくびれたものが多く、奄美諸島以北では2枚にわかれるものが多い。下まぶたに1枚の透明な大きな鱗がある。2～8月に一度に2～7卵を産む。主に昆虫やクモを食べる。サキシマスベトカゲより体側の黒複色の帯がはっきりしている。環境省RL2020では、鹿児島県三島産が絶滅のおそれのある地域個体群に指定されている。

④あくびをする　⑤メス　⑥横顔：鹿児島県 宝島 5月

１〜３海岸で日光浴：沖縄県 宮古島 6月

◆ ミヤコトカゲ

生体・識別➡27頁　　卵・幼体➡65頁

　国内では宮古諸島のみ、国外では東南アジアからオセアニアにかけて分布。宮古諸島の集団は生息地の最も北に位置し、船や流木に乗って漂着したと考えられている。海辺でみられるトカゲで、宮古諸島では波の当たる岩礁性海岸に生息するが、東南アジアでは砂浜やマングローブ林にもいる。隠れ家となる岩の隙間が多いため、人影に気付くと数歩で隙間に逃げ込む。頭部が細長く吻が伸びており、背面は光の加減でオリーブ色に輝く。下まぶたに透明の鱗がある。主にフナムシや小型のカニや昆虫等を食べる。3〜8月にかけて一度に2個の卵を1〜2回産む。岩礁性海岸の埋め立て等で生息数が減少。環境省RL2020では絶滅危惧Ⅱ類、また宮古島市の自然環境保全条例の保全種に指定されている。

有鱗目トカゲ亜目トカゲ科

①木道で休むオス ②木道で休むメス ③頭部：北海道天塩郡 6月

◆ コモチカナヘビ

生体・識別 ➡28頁 　卵 ・ 幼体 ➡66頁

　国内では北海道北部の湿原に限定されるが、海外ではヨーロッパからロシアにかけて分布する。陸上にすむ爬虫類では最も分布域の広い種であり、最も北に分布するトカゲでもある。名前と異なり卵生の集団もいる。湿原内の木道や草むらに日光浴のため姿を現すことが多い。北海道は胎生の集団で7月に5個体前後の仔を出産する。妊娠しているメスは体内の卵の胚発生を進めるためにもひんぱんに日光浴をする。ニホンカナヘビのように、草をよじ登ることはなく、地面を移動する。主に昆虫やクモを食べている。ずんぐりとした体形であり、尾が短く、鱗はビーズのようになめらかとなっている。環境省RL2020では絶滅危惧Ⅱ類、また北海道浜頓別町の天然記念物に指定されている。

1 2

①日光浴するオス ②日光浴するメス：滋賀県大津市 5月

◆ニホンカナヘビ

生体・識別➡28頁　卵・幼体➡66頁

　日本固有種。北海道、本州、四国、九州と周辺の島、佐渡島、隠岐、壱岐、五島列島、屋久島、種子島等に分布する。平地から山地の草むらや庭先等身近な場所でみられる。地色は褐色で、眼の下から脇腹にかけて白線があるが、直線ではなく破線になっている個体やほとんどみられない個体がいる。腹面は白っぽい色やレモン色の個体が多い。背中から尾にかけてカサカサとしたキールを持った鱗がある。尾の長さは、北海道の個体は頭胴長の半分より少し長いくらいだが、屋久島の個体は頭胴長の3倍くらいあり、南に南下するにつれて長い傾向にある。敵に出会うと草や枯れ枝に長い尾を巻きつけてバランスをとりながら逃げ、草の茂みに隠れてじっとしていることが多い。

⑶林道に現れたオス：滋賀県高島市6月　⑷オスの闘争：滋賀県大津市5月　⑸バッタを食べる：滋賀県大津市6月

　自切する尾を持つが、質感からもわかるように、触っただけで切れそうなトカゲほど簡単には切れない。幼体は体全体が暗褐色で尾は黒っぽい。よく混同されるトカゲの鮮やかな青色に比べると地味で、一目で見分けることができる。主に昆虫やクモを食べる。

　春から秋にかけて一度に2～6卵数回産卵し、交尾は3～7月に行う。オスはメスの腹部をV字型の歯形が残るほど強く噛み付く。トカゲのように成体が卵を保護するようなこ

とはせず、産卵してもほったらかしである。比較的日当たりのよい斜面等に穴を掘って、硬い体や長い尾を上手に折りたたみ冬眠する。カナヘビの名前の由来は諸説あるが、「尾が長く褐色のヘビ」、「可愛いヘビ」等からとられたと言われている。オスは頭部が大きく、総排出孔より後ろがやや膨らむことでメスと区別することができる。天敵は多く、シロマダラ等のヘビ類やモズ等の鳥類、イタチ等の哺乳類が挙げられる。

6横顔：滋賀県大津市 5 月　7色彩変異：滋賀県長浜市 5 月　8頭部（横顔）：
熊本県熊本市 8 月　9木のうろから顔を出す：滋賀県大津市 5 月

10 カタクリが咲く頃、林床に現れた：滋賀県長浜市 5月　11 庭先で日光浴：
滋賀県大津市 5月　12 枝の先端部で寝ている：滋賀県草津市 7月

1 日光浴する　2 横顔　3 ガレ場に現れた：長崎県 対馬 5月

有鱗目トカゲ亜目 カナヘビ科

◆ アムールカナヘビ

生体・識別➡28頁　　卵・幼体➡67頁

　国内では長崎県の対馬の上島のみに生息。国外では朝鮮半島から中国東北部、ロシア沿海州に分布する。山地から丘陵地でみられる。日当たりがよい日中は、小さな沢伝いにある林道の開けた場所にあるガレ場で観察される。動きが俊敏で岩陰に隠れるというカナヘビらしからぬ行動をみせる。ニホンカナヘビと体色が酷似しているが、胴から尾にかけて茶褐色の斑紋が並ぶ。この斑紋は尾に近い場所で逆三角形が並ぶようにみえる。また、唇に黒点がみられる。6〜7月に一度に3〜8個の卵を2回ほどにわけて産卵。主に昆虫類を食べる。沢沿いの森へ続く道は生息に適するが、森林伐採の道路として利用されやすく、好まれる生息環境は減少している。環境省RL2020では準絶滅危惧に指定。

１ クモを捕食するメス　２ 日光浴するオス：沖縄県 沖縄島 ６月　３ メスの頭部：鹿児島県 宝島 ５月

◆ アオカナヘビ

生体・識別➡29頁　　卵・幼体➡67頁

　日本固有種。トカラ諸島の宝島、小宝島や奄美諸島、沖縄諸島等に分布する。草地やサトウキビ畑、庭木等の草や枝の上等の日向で日中活動する。細長い体と長い尾を持つ小さなカナヘビで、日本にすむカナヘビの仲間としては珍しく雌雄で体色が異なる。オスは背面が濃い緑色から茶色で脇腹が茶色く腹面は薄黄色。メスは背面が黄緑色で脇腹も同じ色が続くが、腹面は白色をしている。雌雄とも側面に白線が入る。地域変異が多く模様は様々。徳之島の個体群は雌雄で色彩に差がない。３～８月に一度に２卵複数回産卵する。主に昆虫やクモを食べる。環境省RL2020では沖永良部島、徳之島のアオカナヘビが絶滅のおそれのある地域個体群として指定されている。

◆ ミヤコカナヘビ

生体・識別➡29頁　　卵・幼体➡67頁

　日本固有種。宮古諸島の宮古島、伊良部島、来間島に分布する。草地や民家の庭先等の小さな草むらでもみられる。人影を察知すると、細長い体と尻尾でバランスを取りながらすばやく草むら奥深くへ逃げ去る。体は草色で雌雄同色。白線がなく、四肢の先端は茶褐色を帯びる。アオカナヘビとされていたが、ホウライカナヘビ、キタカナヘビと近縁である。

　1年に複数回産卵し、草等の根元の土中に一度に2個の卵を産む。主に昆虫類やクモを食べる。森林伐採や草地開発等生息環境が悪化し、外来種の天敵であるイタチやクジャクが定着し、その捕食により個体数が激減している。環境省RL2020では絶滅危惧ⅠA類、また種の保存法の国内希少野生動植物種。宮古島の自然環境保全条例の保全種。

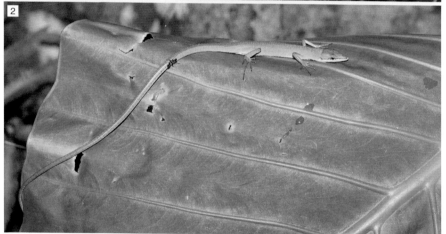

1脱皮中 2葉の上で休む：沖縄県 石垣島 9月

◆ サキシマカナヘビ

生体・識別➡29頁　　卵・幼体➡67頁

　日本固有種。八重山諸島の石垣島、西表島、黒島に分布する。草地や明るい樹林でみられる。背景に森が続き、道路に覆いかぶさる植物の上で日光浴している姿がみられるが、人の気配には俊敏に反応し森へ逃げ去るが、しばらくすると同じ場所に戻ってくる。体色は鮮やかな緑色から黄緑色。鱗が小さく丸みを帯びており、質感もなめらかでキールがない。長い尾は走る際にバランスをとる役目をする。昆虫やクモを食べる。春から夏にかけて複数回にわけ1〜2個の卵を産む。農地開発や道路拡張により生息場所が追われ、急激に生息数が減少している。環境省RL2020では絶滅危惧II類、また種の保存法の国内希少野生動植物種、石垣市の自然環境保全条例の保全種。

1 ハイビスカスの花を移動する：沖縄県 沖縄島 7月

有鱗目トカゲ亜目 アガマ科

◆ オキナワキノボリトカゲ

生体・識別➡30頁　卵・幼体➡68頁

　日本固有亜種。沖縄諸島と奄美諸島に分布する。鹿児島県の指宿市や屋久島、宮崎県の日南市等で移入・自然繁殖が確認されている。自然林や二次林、庭木等で活動する姿がみられる。近寄ると、らせんを描くように木の後ろ側へ回り込み、かけ登る。4～9月に地面にくぼみをつくって一度に1～4個を2回ほど産卵する。待ち伏せ型で目の前にやっ

てくるクモやアリ、その他の昆虫を主に食べる。オスはメスよりも大きく、体色は緑色。体の横には黄色の筋がみられる。雌雄ともに体色を変化させることができる。オスはなわばりをつくり、その体色をより鮮やかな緑色に変色させ、見通しのよい場所で周辺を警戒する。環境省RL2020では絶滅危惧Ⅱ類に指定されている。

②エサを探す：沖縄県 沖縄島 7月　③葉の上で寝る：沖縄県 沖縄島 9月
④頭部：沖縄県 沖縄島 6月　⑤木漏れ日を浴びる：鹿児島県 徳之島 5月

1日光浴をする　2エサを探す：沖縄県 石垣島 7月

◆サキシマキノボリトカゲ

生体・識別➡30頁　　卵・幼体➡68頁

日本固有亜種。八重山諸島の石垣島、小浜島、西表島と宮古諸島の宮古島、伊良部島、来間島に分布する。主に自然林や二次林でみられるほか、開けた場所にある街路樹等でみかけることもある。なわばり誇示や求愛のため喉元にある咽喉垂を広げたり、腕立て伏せをする。体色は褐色から茶褐色をしており、やや緑がかることがある程度で、ほかの亜種

のような鮮やかな色にはならない。オスは側面に白線が1本走るが、メスは白線がなく3〜5個の横帯が入る。体色もオスより緑色がかっている。6〜8月に1〜2回、一度に1〜3個の卵を産む。主に昆虫やクモを食べる。森林の伐採で最近数が急激に減少している。環境省RL2020では準絶滅危惧に指定されている。

③夕方シルエットが浮かび上がる　④こちらを警戒している顔　⑤林道脇に現れる：沖縄県 西表島 6 月

1 日光浴中のメス　2 周囲を警戒するオス　3 枝先で寝る：沖縄県 与那国島 9月

◆ ヨナグニキノボリトカゲ

生体・識別➡30頁　　卵・幼体➡68頁

　日本固有亜種。八重山諸島の与那国島に分布する。二次林やその周辺にすむ。森の奥深くや集落周辺ではあまりみられず、やや開けた場所でみられることが多く、丘陵地にある公園の低木で日光浴をする姿が観察されることもある。3〜8月に一度に1〜3個を2〜3回産卵する。アリや甲虫、ガ等を食べる。オスはくすんだ淡灰色で、背中に4〜5個の不規則な暗色斑、体側には不規則な白斑が並ぶ。メスは派手な緑色をしている。胴部背面には大型で不規則な鱗がみられるため、ほかの亜種と区別することができる。森林の伐採による生息地の減少や、クジャク等による捕食圧により、急激に生息数が減少している。環境省RL2020では絶滅危惧Ⅱ類に指定されている。

1 オス　2 メス　3 オスの横顔：飼育個体 10 月

◆ スウィンホーキノボリトカゲ

生体・識別➡31頁

　国内では、静岡県や宮崎県の一部に移入している。2006 年に静岡県磐田市の集団は駆除されたが、宮崎県日南市で新たにみつかっている。おそらく輸入された植物への混入が原因ではないかと推測される。在来のキノボリトカゲとほぼ同じ大きさだが、オスの方がやや大型になる。背面は灰褐色で薄い横帯がある。オスは肩から腰にかけて明るい帯状模様が、尾には濃い横縞が入る。春から夏にかけての繁殖期になると、オスがなわばりをつくり侵入者が来ると威嚇をする。台湾では、標高がそれほど高くない森林から林縁部でみられる。特に果樹園や公園、市街地等様々な環境で昼間に活動する姿がみられる。主に昆虫を食べる。春から夏に一度に 4 ～ 6 個を産卵する。

１〜２なわばりを誇示するため喉の咽喉垂を広げる　３茶色に変色　４背中にギザギザ模様：東京都 小笠原母島 5月

生体・識別➡31頁

◆ グリーンアノール

　国内では小笠原諸島の父島、母島や沖縄諸島の沖縄島等に定着している。原産地は北アメリカ南部、西インド諸島だが、ハワイ島諸島やグアム島等にも定着している。飼育個体の遺棄や物資に紛れ込んで日本に侵入したと考えられている。林縁部等比較的開けた場所や生垣等至る所でみられる。鼻先が長く頭でっかち。体色は茶褐色から黄緑色まで変化する。主に昆虫やクモを食べる。小笠原諸島では数が増え、固有の昆虫を食べる等被害を与えるため駆除されている。オスはなわ張りを持ち、侵入する個体に対してはオレンジ色の咽喉垂を広げたり、頭を上下に動かして威嚇する。3〜9月に一度に1〜2卵を複数回産卵する。環境省の特定外来生物に指定されている。

[1]正面顔　[2]全身　[3]横顔：飼育個体 7月

◆ グリーンイグアナ

生体・識別➡31頁

　国内では八重山諸島の石垣島に分布。原産地は中央・南アメリカの熱帯林で、石垣島にはペットとして飼育されていた個体が遺棄される等して北部の海岸林で定着した。よく木に登り泳ぐのも上手。幼体は緑色だが成長すると灰褐色や赤褐色になる。オスはメスよりも大きくなる。オスは咽喉垂を持ち、大きくなると後頭部から尾にかけてタテガミ状に鱗が盛り上がる。耳孔の下に大きな鱗を持つ。四肢には鍵爪があり鋭いため、捕まえる際は注意が必要。尾は長く暗色帯がある。主に植物食だが幼体は昆虫も食べる。移入された石垣島では斜面に穴を掘り休んだり産卵したりする。2〜6月に一度に20〜40卵を産む。石垣島の生物多様性に影響を与える恐れがあるため駆除されている。

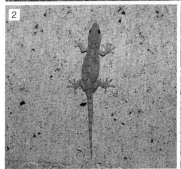

1 壁に擬態する　2 卵が透けてみえるメス　3 顎にカルシウムをためるメス：滋賀県大津市 8月

◆ニホンヤモリ

生体・識別➡32頁　　卵・幼体➡69頁

　本州、四国、九州、対馬等。住家棲で、民家とその周辺でみられる。南蛮貿易が盛んだった16世紀ごろに中国東部から侵入し分布を広げた可能性が高い。朝鮮半島には日本から侵入したと考えられている。

　地色は灰色だが斑紋が出現したり暗褐色に変色させたりする。背中には細かい鱗が一様にあるが、大型の鱗も散在する。前肢の上腕には細かい鱗しかない。尾の付け根にイボ状の鱗が2〜4対ある。体が扁平で物陰や隙間にうまく入りやすくなっている。肢の指の裏側には幅の広い指下板という鱗が並んでいる。ここにはかぎ状の細かい毛がびっしり生えていて、これを壁やガラス等にくっつけてよじ登る。尾は自切することができる。窓ガラスや街頭に集まる昆虫を主に食べる。5〜7月に一度に2卵を2〜3回にわけ産卵する。

④眼をなめ汚れを取る　⑤夜になると活発に動きまわる：滋賀県大津市 8月

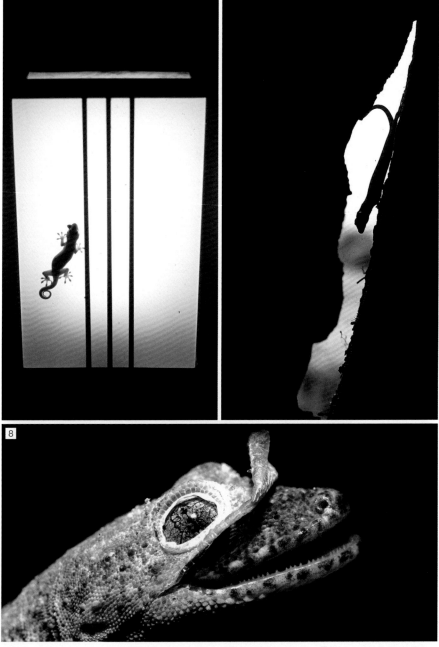

有鱗目 トカゲ亜目 ヤモリ科

6 常夜灯に集まる虫を捕食　7 壁のすき間で日中は休む　8 ヤモリの脱皮：滋賀県大津市 9 月

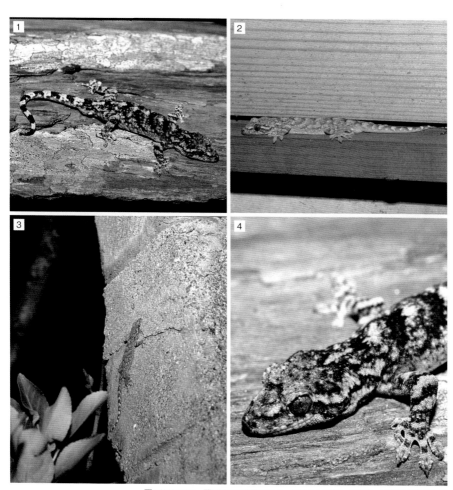

①斑紋が目立つ　②木材のすき間に隠れる　③壁をよじ登る　④頭部：愛媛県西宇和郡 8月

◆ タワヤモリ

生体・識別➡32頁　　卵・幼体➡69頁

　日本固有種。四国と本州・九州の瀬戸内海沿岸部とその周辺の島、四国に広く分布する。海岸周辺の岩場がむき出しになった場所に生息するほか、漁港周辺や神社等で夜間張り付いている個体もみられる。分布が重なるニホンヤモリとは、胴の部分の鱗が均一で大型の鱗がないこと、尾の付け根のイボ状の鱗が1対であること、頭が平たく模様が派手なことで区別できる。6～8月に岩の隙間や廃屋の天井、障害物の裏等に産卵する。産卵に適した場所であれば複数の個体が産卵するため、卵が密集することもある。主に昆虫を食べる。毒があると考えられ、江戸時代からシチブ、トビハミ等の名で知られていた。和名はタイプ産地である香川県多和村に由来する。環境省RL2020では準絶滅危惧に指定されている。

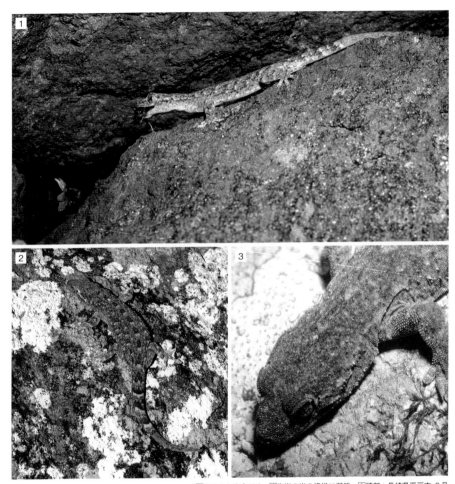

1 フナムシを食べる　2 海岸の岩の模様に擬態　3 頭部：長崎県平戸市 6月

◆ニシヤモリ

生体・識別➡33頁　　卵・幼体➡69頁

　日本固有種。長崎県、熊本県、鹿児島県北部の東シナ海沿岸域と平戸島、男女群島、福江島、久賀島、中通島等に分布する。海岸の岩場や灯台、周辺の建物、特に廃屋で観察される。波がぎりぎりかかるかかからないかの場所で、岩場にぴったりとフィットしている姿をみかけたことがある。また海沿いの神社の壁に居たこともある。灰色の地色にがっち

りとした体、イボ状の鱗が多数あり、特に四肢の上腕部にも大型の鱗がある。尾の模様が幅広く、腹面は黄色味を帯びている。夜行性で昆虫やフナムシを食べる。5月に一度に2卵を岩の隙間に産卵する。雨や波を凌げる条件のいい場所では、同じ場所にたくさんの個体が産卵する。冬眠はせず、岩の隙間や物陰に隠れてじっとして冬を越す。

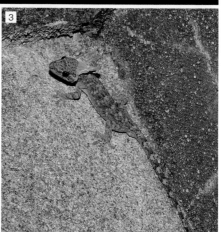

1 正面顔　2 卵を持つメス　3 脱皮中：鹿児島県 屋久島 6 月

◆ ヤクヤモリ

生体・識別➡33頁　　卵・幼体➡70頁

　日本固有種。大隅諸島と九州南部の沿岸部、長崎県等に分布する。自然林等の森林から海岸の岩場、民家周辺でみられ、夜間街頭に集まることはほとんどない。大型に成長する種で、上下の唇が黄色味を帯びていることが多い。ミナミヤモリによく似ているが、尾の中央に1対の大型鱗が後方まで並ぶこと、鼻孔の間にある鱗が大きいことから区別できる。

　6～9月に一度に2個、複数回産卵する。廃屋等条件がよければ同じ場所に多数まとめて産卵することもある。主に昆虫類や無脊椎動物を食べる。同所的に生息するミナミヤモリが侵入して、増加傾向にあるため、交雑集団を形成したり、種が置き換わっていたりする地域もある。環境省 RL2020 では絶滅危惧Ⅱ類に指定されている。

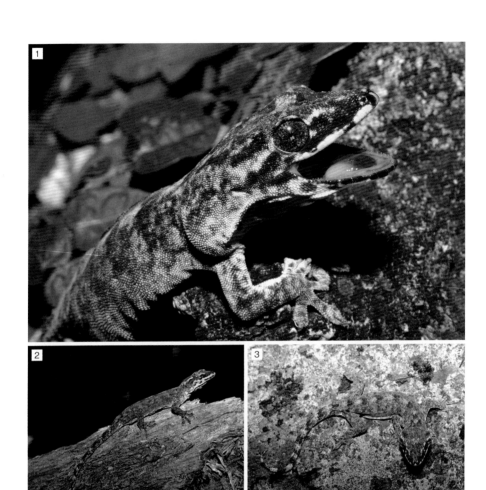

① くちびるが黄色味を帯びる　② 大型になるヤモリ　③ 民家周りに多くみられる：鹿児島県 宝島 7月

◆ タカラヤモリ

生体・識別➡33頁　　卵・幼体➡70頁

　日本固有種。トカラ諸島の宝島と小島に分布する。二次林や集落周辺でみられる。10数年前には、夜間の民家周辺を中心に島全体の至る所で姿がみられたが、現在では探すのに苦労する。雄も前肛孔を持たない。背面は灰褐色の地に、胴部には暗斑がある。また他種と比べて唇の模様にひと際インパクトがあり、上唇には黄色のストライプが下唇には黒のストライプが入っているほか、腹面の喉元には大きな黒斑がある。また、全体を通して黄色味がかった個体もみられる。5～7月にかけて一度に2個を産卵した報告がある。卵はシュロ皮の下等の剥がれかけた樹皮の下やコンクリート壁の隙間等にみられる。主に昆虫類やクモを食べる。環境省RL2020では準絶滅危惧に指定されている。

144

1日光浴をよくする　2廃屋で多くみられる　3日中は黒っぽくなる：沖縄県宮古島9月

◆ ミナミヤモリ

生体・識別➡34頁　　卵・幼体➡70頁

　国内では琉球列島から九州南部にかけてみられる。国外では中国東部、台湾に分布する。屋久島から九州南部の集団は物資に紛れて侵入した可能性がある。伊豆諸島の八丈島や長崎県の五島列島周辺等にも移入され定着している。民家周辺から開けた場所にある防風林、石垣、夜間照明の無い建物等でもみられる。夜行性で昼間は街路樹の樹皮の下や建物の陰に隠れている。地色は灰色から褐色で、背面から尾にかけてまだらの斑紋がみられ、背中には細かい鱗が一様にあるが、大型の鱗も散在する。前肢の上腕には細かい鱗しかない。ニホンヤモリに似るが、尾の付け根の膨らみにあるイボ状の鱗が1対（ニホンヤモリは2〜4対）であることで区別がつく。主に昆虫を食べ、4〜8月に一度に2卵を産卵する。

①黄色がかった色をした個体　②斑紋が目立つ個体　③日中廃屋の物陰にいた：鹿児島県 小宝島 9月

◆ アマミヤモリ

生体・識別➡34頁　　卵・幼体➡71頁

　日本固有種。トカラ諸島の小宝島、奄美諸島の奄美大島、加計呂麻島、与路島、請島、徳之島に分布する。小宝島では自然林から民家周辺まで様々な場所でみられ、夜間道路を横断する個体や草むらの葉の上で休む個体もいたが、そのほかの生息地では自然林の中にある大きな樹に張り付いていたり苔むした大きな壁の壁面で目撃することが多い。地色は灰色から薄黄色をしている。中には非常に黄色が強い個体もみられる。雄に前肛孔がない点で、タカラヤモリに似るが、アマミヤモリは体色が黄色っぽく、タカラヤモリにみられる喉元にある黒斑がほとんどない。同所的に分布するミナミヤモリとは、総排出孔の前にある前肛孔がないことで区別ができる。主に昆虫を食べる。

1雨上がりの路上を移動する　2夜間山中の大木にいた：沖縄県 沖縄島 10月

◆ オキナワヤモリ

日本固有種。沖縄県の沖縄島、伊平屋島、伊是名島、水納島、渡名喜島、久米島に分布する。自然林や二次林で多くみられるが集落周辺で観察されることはほとんどない。林道沿いの樹木や山間部の廃屋の壁面等でみられることもある。体色が木肌の色や地衣類が付着したコンクリート壁面の色に酷似するため、動いていないとみつけることは難しい。

地色は灰褐色で「ハ」の字型をした暗色斑があり、腹面の喉元には黒斑がある個体が多いことから、同所的に生息するミナミヤモリと区別できるが、模様の変異で酷似した個体もいる。主に昆虫類やクモを食べる。森林伐採等によりすみかを追われ減少傾向にある。環境省RL2020では準絶滅危惧に指定されている。

1 夜間は全身白味を帯びる　2 日中は黒くなって日光浴する：沖縄県 西表島 9月

◆ホオグロヤモリ

生体・識別➡35頁

　国内では、徳之島以南の南西諸島のほぼ全域と小笠原諸島でみられる。国外では、世界中の熱帯、亜熱帯に分布する。日本国内では人間の生活に依存し、建物の中、岩肌、木の幹等明るい場所で多く観察され、電話ボックスや自動販売機等明かりを発するものに集まり餌を求めて張り付いている姿はたいてい本種と考えられる。日中も体の色を黒く変色さ

せ日光浴している姿をみかける。地色は灰色か茶色で背に細かい粒状の鱗があり胴には大型の鱗も散在する。夜になると「キョッキョッキョッキョッ…」と大きな声で鳴く。主にガ等の昆虫を食べ、4〜9月に壁の隙間や樹皮の裏に一度に2個を2〜3回産卵する。尾の周りにとげ状の鱗が並ぶが、自切して再生後に生えてきた尾にはとげがない。

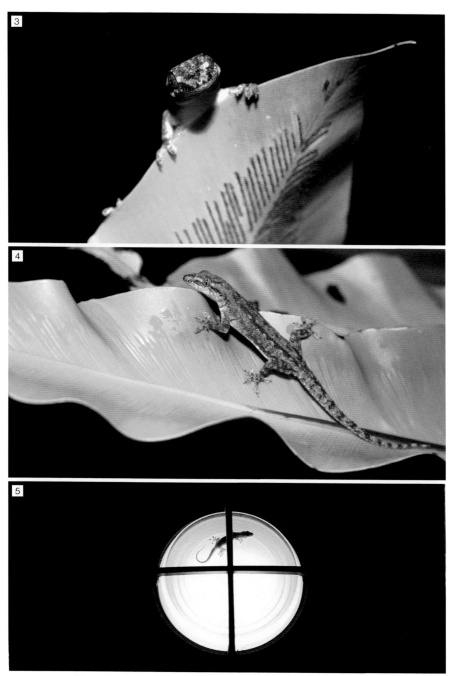

③シダの葉の先にとまり、辺りをうかがう　④模様が多く出た個体　⑤集落の街灯にとまる：沖縄県 宮古島 ９月

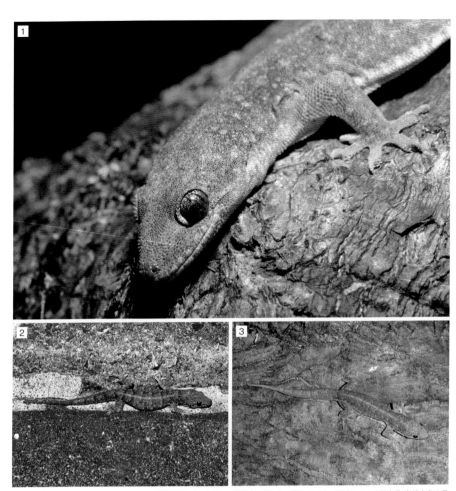

①横顔 顔がやや長い　②路上に現れた　③体表に白い斑がある：鹿児島県 奄美大島 9月

◆ タシロヤモリ

生体・識別➡35頁

　国内では奄美諸島以南の琉球列島、国外では中国南部、台湾、インド東北部に分布する。近年は、奄美大島以外ではごくまれで、喜界島、加計呂麻島、請島、与路島、宮古島、多良間島、石垣島で確認されているにすぎない。民家、東屋、廃屋、庭木等に生息し、奄美大島では海辺の道路脇の法面でみられることもある。尾はやや幅広く楕円形をしており、ホオグロヤモリのような大型鱗はない。地色は灰褐色だが、時には茶褐色に変わり、不規則な斑紋や縦条が背面に現れる。5〜8月に一度に2卵を産む。昆虫やクモ、ガを食べている。生息場所にはホオグロヤモリもみられた。和名は宮古島で本種の標本を採集した田代安定氏にちなんでいる。環境省RL2020では絶滅危惧Ⅱ類に指定されている。

胴が長く手足が短いキノボリヤモリ：沖縄県 石垣島 9月

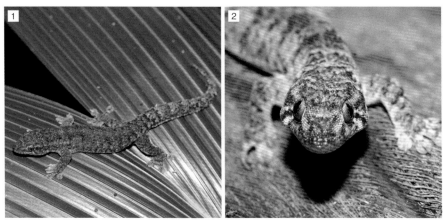

1 葉の上を移動するミナミトリシマヤモリ　2 正面顔：北マリアナ諸島 6月

◆ キノボリヤモリ　生体・識別➡36頁

　八重山諸島や宮古諸島でみられ、物資に紛れる等して人為的に分布を広げていると考えられる。国外では東南アジア、ニューギニア、周辺の島々に分布。街路樹の樹皮の下や葉の隙間に隠れていることが多い。小さな昆虫を食べる。メスしかおらず単為生殖で増える。日本に生息するヤモリの仲間では最小で、手足が短く胴が長い割に尾は短い。

◆ ミナミトリシマヤモリ　生体・識別➡36頁

　ミクロネシアの島々に分布し、国内では小笠原諸島の南鳥島と南硫黄島に限られる。樹林や周辺の岩場に生息し、北マリアナ諸島では樹幹部や防風林の樹皮下に隠れる個体もいる。ずんぐりした体で第1指は第2指に比べ小さく円錐形の大型鱗がある。主に昆虫類を食べる。環境省 RL2020 では絶滅危惧 II 類に指定されている。

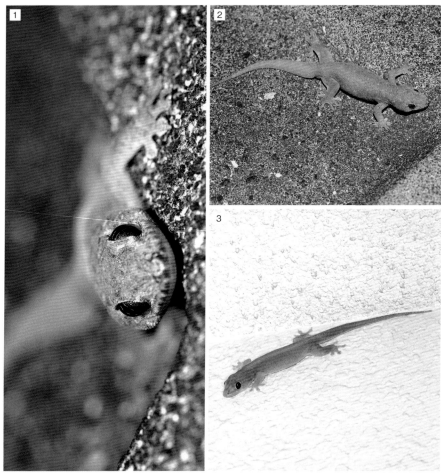

1 大きな眼でこちらを向く 2 後肢に膜がある 3 ほとんど模様がない個体：鹿児島県 奄美大島 9月

◆ オンナダケヤモリ

生体・識別➡36頁

国内では徳之島以南の南西諸島でみられ、国外では東南アジア、インド洋から太平洋の島、北・中央アメリカの沿岸部に分布する。主に民家周辺や海岸林等で観察される。生息地にはホオグロヤモリやミナミヤモリが同所的にすみ、灯火を占有するため、少し離れた陰でひっそりと暮らす。民宿の部屋の天井に居る姿をみかけたこともある。体色は薄いピンク色から灰褐色で斑紋を持つものもいる。成体は尾の基部が幅広く扁平になり、後肢の後縁にはひだが発達する。また指が短く丸く広がる。皮膚は全体的に薄く弱いため捕まえる時に剥がれやすい。春から夏にかけて産卵する。主に昆虫を食べる。変わった名前だが、初めてみつかった沖縄島にある恩納岳（おんなだけ）に由来している。

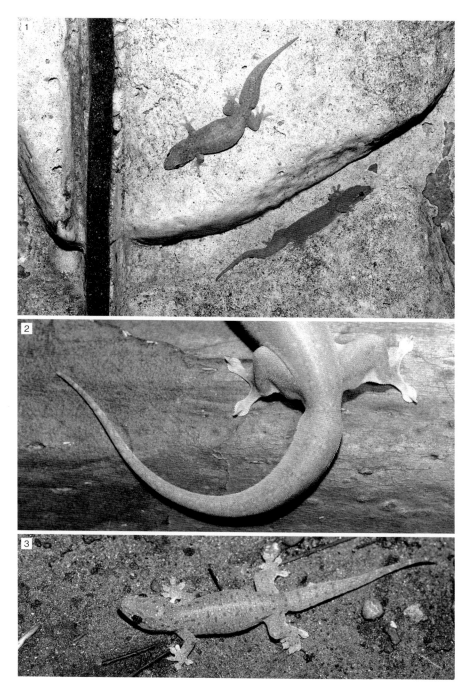

1 海岸の人工物に多くみられた　2 幅広い尾　3 斑紋が多く出た個体：鹿児島県 奄美大島 9月

1夜間は葉の上で休む　2複雑な模様の個体　3模様が少ない個体：沖縄県 石垣島 10月

◆ オガサワラヤモリ

生体・識別➡37頁　卵・幼体➡71頁

　国内では、小笠原諸島や沖縄諸島以南の南西諸島でみられる。国外では、太平洋とインド洋の熱帯・亜熱帯の島々に分布する。二次林や防風林から民家周辺、石垣、街路樹等様々な環境で観察される。夜間に静止している状態ではいつも尾の先端部分をくるりと巻いている。小型の体にこの愛嬌ある姿が印象深く、この種の紹介には決まってこのトレードマー

クのことが解説される。地色は淡褐色から暗褐色に変化し、背中から尾にかけてW字型の模様がある。また夜になると「チッチッ」と鳴く。最初に発見されたのが小笠原諸島であるため、この名がつけられている。物資や植物に紛れ込む等して人為的に分布を広げたと考えられる。オスのいない全メス種で単為生殖を行って増えるが、本種が移入先で急速

有鱗目トカゲ亜目ヤモリ科

④日中は木陰で休む　⑤横顔　⑥尾をくるりと曲げていることが多い：東京都 小笠原諸島母島 6 月

に分布拡大する理由のひとつに、この単為生殖が考えられている。

　複数のクローンからなることも知られており、沖縄県の大東諸島には 12 集団のクローンがみつかっている。このうち少なくとも 11 集団のクローンはこの地域に固有のものと考えられる。背中には黒色の斑紋が散らばり、その大きさや形、位置等がそれぞれのクローン間で異なる。沖縄諸島以南の琉球列島等に広くみられる 3 倍体のクローンや小笠原

諸島にみられる 2 倍体のクローンとも模様は異なる。民家の戸袋や壁の隙間、神社、東屋や防風林の剥がれかけた樹皮の下に 1 年中産卵し、一度に 1 〜 2 卵を産む。主にアリやシロアリ等の昆虫を食べる。花の蜜をなめる姿もよくみかける。ホオグロヤモリによる捕食や競争に負け、生息数が減少していると考えられる。環境省 RL2020 では大東諸島のオガサワラヤモリが絶滅のおそれのある地域個体群として指定されている。

1 雨上がりの林道を移動する2尾：鹿児島県 徳之島 5月

◆ オビトカゲモドキ

生体・識別➡38頁　卵・幼体➡72頁

　日本固有種。奄美諸島の徳之島に分布する。湿潤な自然林の山地やその周辺に生息する。夜間に沢沿いの林道を移動している姿をみかけることが多い。場所によっては数多くみられるが、次第にその数は減ってきている。虹彩は赤褐色。ほかの亜種と比べるとやや小型で、胴の幅がほっそりしている。桃色味がかった横帯が3本あり、横帯の間には斑紋がみ

られない。6月上旬から7月中旬に一度に2個の卵を産む。主にミミズや昆虫等を食べる。沖縄諸島のクロイワトカゲモドキとは遺伝的に大きく異なり、その分化は古い。土地改良や道路の建設等で個体数は減少傾向にある。環境省RL2020では絶滅危惧ⅠB類、また種の保存法の国内希少野生動植物種、鹿児島県の天然記念物に指定されている。

②体を持ち上げこちらを向く ③再生尾の個体 ④舌を使い盛んになめる：鹿児島県 徳之島 5月

1 体をしっかり持ち上げる：沖縄県 沖縄島北部 7 月　　2 背中に線がある個体　　3 大きな斑がある個体：沖縄県 沖縄島南部 7 月

◆ クロイワトカゲモドキ

生体・識別➡38頁　　卵・幼体➡72頁

　日本固有亜種。沖縄諸島の沖縄島、古宇利島、瀬底島、屋我地島に分布する。常緑広葉樹の山地、石灰岩地にすむ。夜間に沢沿いの林道や山間部を走る道路上、洞窟等でみられることが多い。虹彩は赤褐色で、胴の幅はほっそりしている。桃色味をした縦帯が体の前半部に入る個体や、横帯がない個体、横帯の間に小さな斑紋が入る個体、縦条のみ入る個体等模様は様々。4 〜 10 月に目撃されることが多くこの時期に活動するが、冬場でもみかけることから暖かい日には活動していると考えられる。5 〜 8 月に一度に 2 個を 1 カ月以上の間隔を空けて複数回産卵する。卵は殻が固くないため乾燥に弱い。ヤモリの仲間では最も原始的なグループで、まぶたが動く。指下板がなく地面を這う。また尾は非常に切

4 一様に斑点がある個体　5 舌を使い眼の汚れを取る：沖縄県 沖縄島北部 7月

れやすく、一度も切れたことがない尾は帯状の模様があるが、再生すると帯状の模様はなくなる。主にクモや昆虫等を食べる。近年、クロイワトカゲモドキの系統関係の調査が始まり、奄美諸島のオビトカゲモドキと沖縄諸島のそれぞれの集団では遺伝的に大きな差があることがわかった。沖縄諸島の中にも6つの独立した系統（①イヘヤトカゲモドキ、②伊江島産マダラトカゲモドキ＋沖縄島南部産クロイワトカゲモドキ、③沖縄島北部産クロイワトカゲモドキ、④ケラマトカゲモドキ、⑤マダラトカゲモドキ⑥クメトカゲモドキ）がみられ、クロイワトカゲモドキは単系統ではないことが示され、今後の研究で整理される可能性がある。森林伐採や宅地造成、移入動物による捕食や違法採集ですみかを追われ、個体数は減少傾向にある。環境省RL 2020では絶滅危惧Ⅱ類、また種の保存法の国内希少野生動植物種、沖縄県の天然記念物に指定されている。

[1]横顔　[2]岩場を移動　[3]再生尾の個体：沖縄県 伊平屋島 9月

◆ イヘヤトカゲモドキ

生体・識別➡38頁

　日本固有亜種。沖縄諸島の伊平屋島に分布する。自然林の山地の林床に生息しており、住宅地近くにも現れることがある。また、夜間に沢沿いの岩場付近や林道でみられることもある。虹彩は赤褐色で、胴の幅がほかの亜種に比べるとがっちりしていて重みがある。桃色味をした横帯が3～4本ある。横帯の間には斑紋がみられないため、ほかの亜種（ク

メトカゲモドキ、マダラトカゲモドキ）と識別できる。6月下旬から7月上旬に一度に2個を産卵する。主にクモや昆虫類、無脊椎動物等を食べる。林道やダム建設によってすみかを追われ、個体数は減少傾向にある。環境省RL2020では絶滅危惧ⅠA類、また種の保存法の国内希少野生動植物種、沖縄県の天然記念物に指定されている。

①エサを求め移動する2尾　②横顔　③湿った場所に現れる：沖縄県 久米島 10月

◆ クメトカゲモドキ

生体・識別➡39頁

　日本固有亜種。沖縄諸島の久米島に分布する。自然林の山地に生息しているが、農耕地近くにも現れることがある。夜間に沢沿いの林道で活動中の複数の個体がみられたこともある。雨上がりのムッとした湿度と気温が活動には適していたとみられる。虹彩は黄褐色で、ほかの亜種との区別点になる。トカゲモドキの仲間はまぶたを動かして眼をとじることができる。胴の幅はほっそりしていて、黄色味をした横帯が4本あり、横帯の間には斑紋がみられる。6月中旬から7月中旬にかけて一度に2個を産卵する。主に地上性の昆虫を食べる。土地改良等で個体数は減少傾向。環境省RL2020では絶滅危惧ⅠA類、また種の保存法の国内希少野生動植物種、沖縄県の天然記念物に指定されている。

①再生尾の個体　②頭部の模様　③林床を移動する：沖縄県 渡名喜島 10月

◆マダラトカゲモドキ

生体・識別➡39頁

　日本固有亜種。沖縄諸島の渡名喜島、伊江島に分布する。2017年に、これまでマダラトカゲモドキと呼ばれていた渡嘉敷島や阿嘉島の個体群が新亜種ケラマトカゲモドキとして記載されたため、模式産地が渡名喜島であるマダラトカゲモドキの分布域に変更があった。湿り気の多い自然林の林床等限られた場所にすむ。主にクモや昆虫類等を食べる。背面には黄褐色か、くすんだオレンジ色をした横帯がみられ、眼は灰褐色か薄いオレンジ色をしている。非常に小さな島の限られた環境でしかみることができないため、生息環境の変化がすぐに個体数の減少に拍車をかける恐れがある。環境省RL2020では絶滅危惧ⅠA類、また種の保存法の国内希少野生動植物種、沖縄県の天然記念物に指定。

①再生尾の個体　②うっすらピンク色を帯びる　③一度も切れたことのない尾：沖縄県 渡嘉敷島 5月

◆ ケラマトカゲモドキ

生体・識別➡39頁

　日本固有亜種。沖縄諸島の渡嘉敷島と阿嘉島に分布する。2017年にマダラトカゲモドキの中から別亜種として記載された。自然林や石灰岩地等でみられる。夜間、小高い山の林床で活動する個体を発見したが、ライトに照らし出されたその姿はピンク味が強く派手で、日本にこのような生物がいてくれたことに感動したものだ。虹彩は赤色〜桃色をしている。背面には桃色味からオレンジ色をした横帯が3〜4本ある。6月上旬から7月中旬にかけて一度に2個産卵する。主にクモや昆虫類等を食べる。主に4〜9月の気温が高い夜間に活動する。学名は爬虫類・両生類の研究者・千石正一氏に献名されたもの。環境省RL2020では絶滅危惧ⅠB類、また種の保存法の国内希少野生動植物種、沖縄県の天然記念物に指定されている。

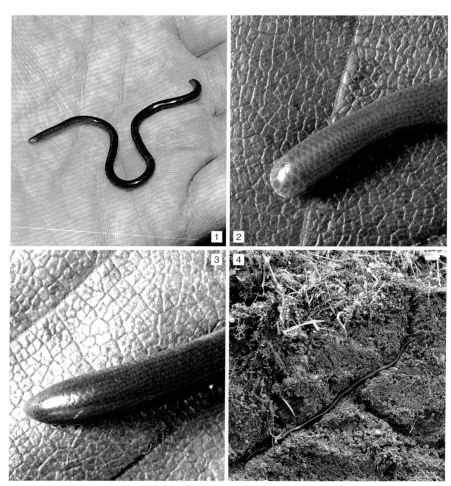

1 手のひらに乗る大きさ　2 頭部に眼がうっすらみえる　3 尾の先が少し尖る　4 地中で過ごす：沖縄県 石垣島 6 月

◆ブラーミニメクラヘビ

生体・識別➡40頁

国内ではトカラ諸島以南の琉球諸島、小笠原諸島、伊豆諸島南部、九州、国外では乾燥地を除く世界の熱帯、亜熱帯に分布する。道路沿いや荒れ地等の開けた場所に生息する。側溝の落ち葉が堆積する所を探すとよくみられる。外見はミミズによく似ているが、身体はがっちりとした鱗に覆われ、舌をチョロチョロ出す。頸部にはくびれがない。眼は退化し、鱗の下にある。光には敏感に反応する。尾の先端は尖っており、つかむと先端を押し付けてくる。動きは非常に俊敏で、小さな体で滑らかなためつかみにくい。植木鉢や植栽に紛れ込んで分布を広げている。オスはおらず、メスが単為生殖で増える。主にアリの幼虫やさなぎ、シロアリを食べている。6〜7月に 1〜7 個産卵する。

1 樹上でよくみかける　2 カタツムリを食べる　3 眼が大きい：沖縄県 石垣島 7月

◆ イワサキセダカヘビ

生体・識別 ➡ 40頁

　日本固有種。八重山諸島の石垣島と西表島に分布する。湿潤な自然林や低木林内に生息する。夜間に眼の高さほどの低木の葉上で静止している個体や雨上がりの路上を移動する個体がみられることもある。身体は細く側偏し体色は黄土色。頭が大きく眼も大きい。上顎の歯は短く尖らず、特に先端部にはほとんどない。下顎の歯は長く鋭く尖る。上下の顎とも左右非対称である。これらの歯や顎の構造は、右巻きのカタツムリを食べるために特化したもので、歯と顎を上手に使い、カタツムリの軟体部を殻から引き出すのに役立つ。上顎で殻口を押え下顎を動かして軟体部をくわえて巧みに引っ張り出す。5月に11個産卵した記録がある。環境省 RL2020 では準絶滅危惧に指定されている。

①地中にいることもある：滋賀県高島市10月　②雨降り後川辺でみかけた：滋賀県高島市7月　③脱皮をする：滋賀県高島市6月

◆ タカチホヘビ

生体・識別➡40頁　　卵・幼体➡73頁

　本州、四国、九州とその周辺の島に分布する。中国東〜南部、ベトナム北部の分布も知られているが、別種の可能性が高い。夜行性で、地中で暮らすことが多いため目撃例は少ないが、場所によっては多くみつかる。自然林や二次林の石や朽木の下、渓流付近等の湿った場所に生息する。沢沿いや雨上がりの路上を移動する個体や法面にある落ち葉だまり

にいる個体がみられることもある。地色は黒紫色や黄褐色で背中の中央に黒い縦条があり、細長い頭で頸部のくびれはほとんどない。光沢のあるビーズのような鱗をしていて、鱗同士が重なることはない。乾燥には非常に弱い。眼は小さく鱗に埋もれるように存在する。主にミミズを食べる。5〜7月に3〜13個産卵する。

166

①夜間林道を移動する　②腹面は色味が強い　③舌を出してにおいを嗅ぐ：沖縄県 沖縄島 10月

◆ アマミタカチホヘビ

生体・識別➡41頁　　卵・幼体➡73頁

日本固有種。奄美諸島の奄美大島、枝手久島、加計呂麻島、徳之島、沖縄諸島の沖縄島、渡嘉敷島に分布する。森林や草地に生息する。側溝や朽木下、道路脇の落ち葉だまりでもみられることがある。体色は暗褐色で、腹面は黄色く、身体が虹色に光沢を帯びたようにみえる。鱗はビーズ状で互いに重ならず、乾燥に非常に弱い。4～6月に3～8個産卵する。

主にミミズ類を食べる。ミミズを追って路上に現れ、側溝に落ちて死亡する個体もいるが、側溝に腐葉土が堆積している場所等には餌となるミミズが多くみられるため狙って側溝で暮らしているものもいる。タカチホヘビより頭部の色が薄く鱗に隆起がある。また尾が長く、腹面中央に黒条がない。環境省RL2020では準絶滅危惧に指定されている。

有
鱗
目
ヘ
ビ
亜
目
タ
カ
チ
ホ
ヘ
ビ
科

1 頭部は光沢を持つ　2 横顔　3 地中に潜る：沖縄県 石垣島 7月

生体・識別➡41頁

◆ヤエヤマタカチホヘビ

　日本固有亜種。八重山諸島の石垣島と西表島に分布する。自然林や二次林の林床とその周辺にすむ。発見例が非常に少ないため生態はよくわかっていない。皮膚が薄く乾燥に弱く、湿潤な場所でみつかる。雨上がりの夜間に林道の落ち葉の隙間を移動する姿もみられる。主にミミズを食べる。体の鱗の表面は光沢で虹色を帯びるが、全体的に体色は黒ずん

でおり、尾下板が二分しない。8月頃に孵化幼体が確認されている。基亜種で台湾のタイワンタカチホヘビ（*Achalinus formosanus formosanus*）は大きさが2倍程で山地に限りみられることから、独立種に再分類される可能性もある。環境省 RL2020 では絶滅危惧Ⅱ類、また石垣市自然環境保全条例の保全種に指定されている。

1 緑色が強い　2 正面顔　3 横顔：鹿児島県 奄美大島 10月

◆ リュウキュウアオヘビ

生体・識別➡41頁　卵・幼体➡73頁

　日本固有種。トカラ諸島の宝島、小宝島や奄美諸島、沖縄諸島に分布。山地から低地、民家近くに幅広くすむ。生息地では昼間最も姿をみるヘビの1種だが、雨降り後の夜間には路上を移動する個体がみられることもある。また落ち葉の溜まる側溝は、主な餌となるミミズの宝庫になることが多く、そのような場所に潜んでいることも多い。頭は小さく頸部のくびれはほとんどない。とぐろを巻くことは少ない。地色は茶色を帯びた緑色だが、緑色の個体や茶褐色の個体まで様々で、斑紋を持つ個体や縦条を持つ個体もいる。腹面は黄色かクリーム色。怒ると体をもたげS字にくねらせて威嚇する。毒を持たないが自分を大きく強くみせる効果があり外敵には有効。4～9月に3～11個の卵を産む。

1地味な体色　2草むらから顔を出す　3夜間林道を移動する：沖縄県 石垣島 9月

◆サキシマアオヘビ

生体・識別➡41頁　卵・幼体➡73頁

　日本固有種。八重山諸島の石垣島、西表島、波照間島、小浜島、黒島等に分布する。平地から山地の湿潤な自然林や二次林等に生息する。日中に路上を移動する個体がみられることが多いが、雨上がりの夜間路上に現れたミミズを探して移動する個体や落ち葉の間に頭部を突っ込み、餌を探している個体もいる。頭部は小さく頸部のくびれはない。灰褐色の地色で、やや緑味を帯びる個体もいるが、リュウキュウアオヘビに比べると地味。また黒斑がある個体、縦条が出る個体等バリエーションに富む。幼蛇は褐色の斑紋を背面に多く持つ。8月頃に8〜9個産卵した記録がある。ミミズ類を専食する。リュウキュウアオヘビより頭幅が狭く、吻は劣る。環境省RL2020では準絶滅危惧に指定されている。

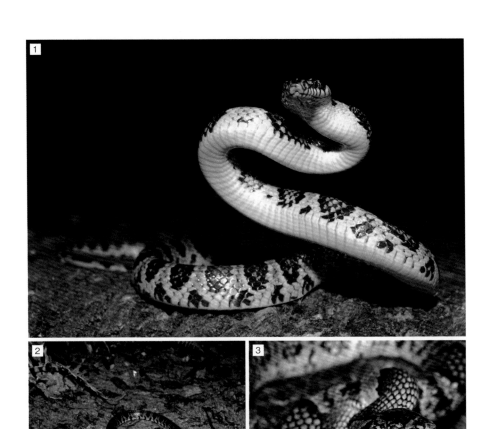

1 威嚇する：沖縄県 沖縄島 7月　2 林道を移動する：鹿児島県 奄美大島 5月　3 頭部：沖縄県 伊平屋島 6月

◆ アカマタ

日本固有種。沖縄諸島と奄美諸島に分布する。民家周辺や海岸、山地等幅広い場所に生息する。奄美大島や沖縄島では最も目撃する機会が多いヘビのひとつ。頭は大きくてやや扁平で、眼は縦長の楕円形をしている。赤褐色の地色に黒い横帯が入る。腹側は黄色味を帯びており、色彩は非常に美しい。特に幼蛇は模様がはっきりしている。最大2mを超え

る大型のヘビで、怒りっぽく、鎌首を持ち上げS字型にして攻撃態勢で噛みついてくるが、毒はない。ヘビやトカゲを好んで食べるが、ほかにもカエル、小型哺乳類、鳥、時にはウミガメの子どもまで食べることが知られている。沖縄での地方名がそのまま和名として使用された。奄美大島では「マッタブ」と呼ばれている。

1成体　2とぐろを巻く　3交尾中：長崎県 対馬 7月

有鱗目ヘビ亜目 ナミヘビ科

◆ アカマダラ

生体・識別➡42頁　　卵・幼体➡74頁

　長崎県の対馬と尖閣諸島の魚釣島でみられる。国外ではユーラシア大陸東部に広く分布する。森林から平野部の水田付近や岩場に生息する。対馬では夜間水田付近でカエルを探す個体や側溝に落ちている個体、日中のトタン板の下に隠れる個体がみられる。赤褐色の地色に暗帯がまだら模様に入る。幼蛇の方が模様が派手ではっきりしている。トカゲやカエル、ヘビから小型の哺乳類を食べる。気性が荒く、捕まえようとすると威嚇する。毒はないが総排出孔から独特のにおいを出す。5月に水田脇の水のない側溝の中で交尾をしている個体がみられた。6〜7月に産卵した例が知られている。森林の伐採や土地の造成等で数は減少。環境省 RL2020では準絶滅危惧に指定されている。

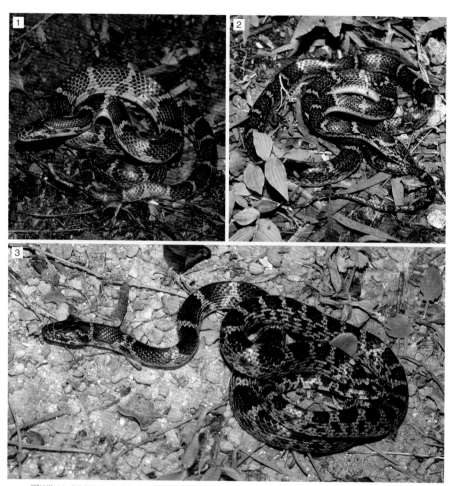

[1]林道でとぐろをまく：沖縄県 石垣島 10月　[2]黒帯が少ない：沖縄県 宮古島 10月　[3]黒帯が多い：沖縄県 与那国島 10月

◆ サキシママダラ

生体・識別➡42頁

　日本固有亜種。宮古諸島と八重山諸島に分布する。山地から平地にかけてみられる夜行性のヘビで、八重山諸島では最も多く出会うヘビのひとつ。路上で多くみられ、つかむと総排出孔から悪臭を放つ。地色は黄褐色で黒帯が入り、この黒帯の数が生息地によって異なり、特に宮古諸島では少なく、与那国島では多い。カエルや小型哺乳類等を食べるほか、八重山諸島の仲御神島では海鳥の雛を食べ、大型化する。6〜7月に4〜8個産卵。宮古諸島と八重山諸島では形態的な差がみられ、今後、分類が見直される可能性がある。環境省RL2020では、宮古諸島のサキシママダラが絶滅のおそれのある地域個体群、また宮古島市の自然環境保全条例の保全種に指定されている。

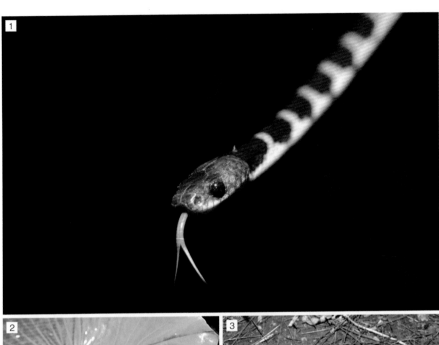

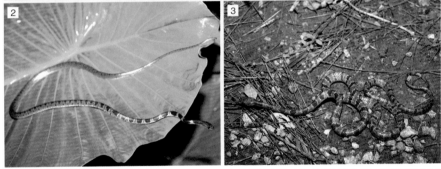

1 樹上で移動中　2 樹上でみつけたサキシマバイカダ：沖縄県 石垣島 10月　3 林道を移動する：沖縄県 宮古島 9月

◆ サキシマバイカダ

生体・識別 ➡ 43頁　　卵・幼体 ➡ 74頁

　日本固有亜種。八重山諸島の石垣島と西表島、宮古諸島の宮古島と伊良部島に分布する。自然林や二次林でみつかっている。頭部は大きく頸部がくびれている。身体は細く長い。眼が少し飛び出ているようにみえ、瞳孔は縦長で、虹彩も黒っぽく全体的に黒眼が大きく感じる。茶色から灰褐色の地に黒褐色の帯が並ぶ。八重山諸島と宮古諸島の集団には模様や色彩に

違いがある。産卵期は5月で4〜6卵産卵する。夜間出会う頻度が高く、林道を移動する個体や木を登っている個体、低木を移動している個体を目撃したことがある。おそらく夜行性のヤモリ類や枝先で眠るトカゲ類を捕食するため活動していると考えられる。環境省RL2020では準絶滅危惧に、沖縄県宮古島市や竹富町の自然環境保全条例の保全種にも指定されている。

①威嚇する　②林に現れた　③カナヘビを捕食する：滋賀県大津市 9 月

◆ シロマダラ

生体・識別➡43頁　　卵・幼体➡75頁

　日本固有種。北海道、本州、四国、九州と周辺の島に分布する。山地から平地まで様々な場所に生息する。夜行性で小型なヘビのためみつけにくい。数が少ないとされるが、場所によっては多く観察され、日中に石垣の隙間からひょっこり顔を出したり、側溝でみられたりすることもある。地色は灰色から薄い茶褐色で黒い横帯が入り、縦長で楕円形の眼をしている。幼蛇は白黒のコントラストが鮮やかで眼の後方に 1 対の大きな白い斑紋があるが成長に伴い薄れていく。気性が荒く、怒ると身体をもたげて S 字型の攻撃態勢をとる。主にトカゲ類や小型のヘビを食べる。6〜8 月に 1 〜 9 個産卵する。アオダイショウの幼蛇が本種と誤認されるが、背中の模様がはしご状にみえるので識別できる。

1秋の林道に現れる　2畦を移動する　3雨上がりに草むらに現れる：滋賀県高島市 10月

◆ ジムグリ

　日本固有種。北海道、本州、四国、九州と国後島、伊豆大島、隠岐、壱岐、五島列島、屋久島、種子島等にも分布するが、佐渡島には生息しない。主に丘陵地から山地の森林に生息するほか、畑や草むらでもみられる。まれに日中のアスファルトの路上で日光浴をしている個体もいる。日光浴をしている姿は多くみられるが、暑さに弱いため短時間で効率よく行っている。名前は「じもぐり（地潜り）」に由来しており、よく地面の小型哺乳類が掘った巣穴等に潜る。性質は温和で無毒。尾を激しく震わせ威嚇するが、噛みついてくることはほとんどない。捕まえると総排出孔から独特なにおいを放つ。ネズミやモグラ等の小型哺乳類を食べており、これらを追跡して巣穴に潜り込み捕食する。

④上唇が覆い被さる　⑤腹面は市松模様をする　⑥頭部（横顔）：滋賀県高島市 10月

　頭は小型で頸部のくびれがほとんどなく、胴は太い。また鼻先が丸く、上唇が下唇に覆いかぶさっている。これらの特徴は地中に潜るのに適応するためだと考えられている。正面からみる機会はあまりないが、意外と面白い顔をしている。地色は赤味がかった褐色や茶褐色で、黒点が散在する個体と散在しない個体がいる。腹側は市松模様になっているが、個体差があり、単一色の個体もみられる。幼蛇は赤い地色に黒い模様が入る。頭部には「ハ」の字型の模様が入り鮮やかだが、成長するに従って薄くなる。頭部背面には３本の黒条が走り、これを「鼻眼鏡」に例えたことが学名の由来。北海道の平野部や本州の高山地帯では、時折斑紋がなく全身が赤い「アカジムグリ」と呼ばれる個体が出現する。シマヘビやアオダイショウと同所的に生息するが、色彩や斑紋、頭部の形、頸部のくびれ方等から容易に区別できる。５〜６月に交尾を行い、７〜８月に１〜７個産卵する。

1 民家近くの木に登る　2 横顔　3 体色が黒ずむ大型個体：滋賀県大津市 9月

◆ アオダイショウ

生体・識別➡44頁　　卵・幼体➡76頁

日本固有種。北海道、本州、四国、九州とその周辺の島々、国後島、奥尻島、佐渡島、伊豆大島〜神津島、隠岐、壱岐、対馬、五島列島、薩南諸島に分布する。平地や丘陵地等人の活動範囲に多く生息し、特に田んぼや畑、民家周辺で最も多く目撃されている。

木登りが上手で、「クライミングキール」と呼ばれる腹板の両端にある鱗を引っ掛ける

ようにして樹木や垂直な壁等を登る。なお、木登りは樹洞にすみつく哺乳類や鳥類の雛を狙ったりする目的で行う。農作業小屋の天井や養鶏場にすみついていることも多く、かつては民家に普通にみられ、穀物をかじるネズミを食べてくれると重宝（放置）されていた。しかし、最近はこのような話を聞かない上、数年前に比べて格段にヘビをみる機会が減っ

4 模様がほとんどない個体 　 5 農具小屋で獲物を探す 　 6 水路を泳ぐ：滋賀県大津市 9 月

ている。

　地色は褐色で青や緑色がかっていて、オリーブ色に近い個体が多い。全身が青っぽくみえることから名付けられた名前にも納得できる。うっすらとした縦条が4本入ることが多いが、まれに全く縦条がみられない個体も存在する。顔つきは角張った印象があり、眼はオリーブ色がかった褐色をしている。捕まえると、総排出孔から独特な刺激の強いにおいを放つ。幼蛇はクリーム色がかった地色には

しご型の大きな褐色斑が並んでいる。5〜8月に交尾を行い、7〜8月に4〜17個産卵する。主に幼体は鳥の雛やネズミの子ども、時にはトカゲも食べるが、大きくなるにつれて得意技の「絞め殺し」と「丸呑み」を使って、小鳥や鶏卵、小型哺乳類を食べる。幼蛇が独特な模様をしていることからシロマダラやニホンマムシと間違えられることがあるが、成蛇では虹彩の色や体形、模様等でよく似た種とはっきり区別ができる。

1 樹上に現れる：山口県岩国市 10月

◆岩国の白蛇（アオダイショウ）

生体・識別➡44頁　　卵・幼体➡76頁

　山口県岩国市では、アオダイショウのアルビノ個体であるシロヘビが、人工的に作り出されたものではなく自然下に高確率でみつかるため、1924年から国の天然記念物に指定され保護されている。目立つため天敵に襲われやすく、野生下に集団でみられることは非常に珍しい。体色に黒い色素を持たず、眼はルビーのように赤い。シロヘビが多くみられ

たこの地域では、通常色のアオダイショウより保護されることによりアルビノの遺伝子率が高くなったと考えられる。保護増殖は㈶岩国白蛇保存会が行う。市内5カ所の飼育場と2カ所の観覧施設で約1,000頭を飼育している。屋外施設では自然に近い環境を再現されて良好に管理されている。いまなお、神の使いとして崇められ、大切にされている。

②白味が強い個体　③黄色味が強い個体　④幼蛇模様がまだ残る　⑤眼は真っ赤：山口県岩国市 10月

1 樹上で獲物を待つ　2 水田を泳ぐ　3 民家脇から顔を出す：滋賀県大津市 6 月

有鱗目ヘビ亜目ナミヘビ科

生体・識別➡45頁　　卵・幼体➡77頁

◆ シマヘビ

　日本固有種。北海道、本州、四国、九州とその周辺の国後島、佐渡島、伊豆諸島は御蔵島より北、隠岐、壱岐、五島列島、トカラ諸島口之島より北の薩南諸島等に分布する。水田等の開けた環境で日中最も普通にみられるヘビで、主に地表で生活する。路上を横断する個体や畔で日光浴したり水田を泳いで渡る個体もいる。カエルの産卵期に合わせて木に登り、栄養価が高い卵をたくさん持ったモリアオガエルのメスを狙うことがある。地色は褐色や麦わら色で、4本の黒褐色の縦条があるが、生息場所によって様々な変異がみられることが知られている。場合によっては別種と間違えられることもある「カラスヘビ」と呼ばれる真っ黒になる個体が高確率でみられる地域もある。

182

④田んぼでトノサマガエルを食べる　⑤トノサマガエルを絞め殺す　⑥林道でタゴガエルを丸飲み：滋賀県大津市６月

　ヘビの尻尾は非常にわかりにくいが、シマヘビは４本の黒褐色の縦条が２本になる辺りの腹面に総排出孔があるため、２本になる場所が尻尾ということになる。瞳とその周辺の虹彩が赤いため、眼が赤くみえる。気性が荒く、よく噛みつくが無毒のヘビである。怒ると頭部を三角形にしながら尾で地面をたたいて威嚇することがあり、捕まえると独特のにおいを出す総排出孔を押しつけてくる。幼体は赤褐色の地色に小豆色の斑紋があり、オスがメスより大きくなる。４〜６月に交尾を行い、７〜８月に４〜16個産卵する。カエル、トカゲ、ほかのヘビ類、鳥類や小型哺乳類等を食べる。また、伊豆諸島の神津島沖にある祇苗島では海鳥の卵や雛を食べ、超大型化して２m以上に達する。黒褐色の縦条がはっきりしない個体がアオダイショウと間違われることが多いが、赤い虹彩や楕円形の瞳であることで区別できる。冬眠は石垣の隙間や土の中で行われる。

【シマヘビの色彩変異】

7白味が強い個体：滋賀県大津市 6月　8黒化した個体：滋賀県大津市 10月　9やや赤味が強い個体：滋賀県大津市 9月　10麦わら色の個体：滋賀県大津市 10月　11黒い縦条が太い個体：滋賀県大津市 6月　12模様がなく赤味が強い個体：滋賀県大津市 9月

13脱皮　14脱皮前に眼が白濁する　15脱皮がおわる：滋賀県大津市９月　16交尾：滋賀県大津市５月　17冬眠：滋賀県大津市２月

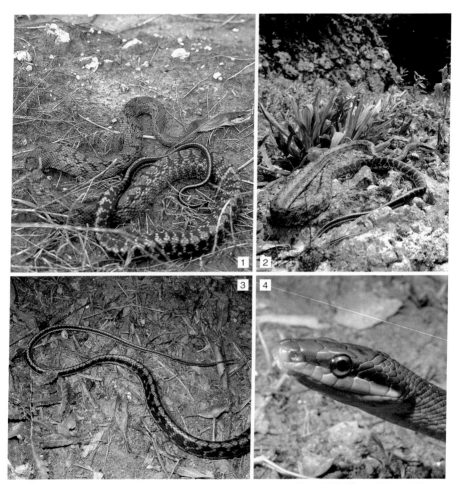

1 大型個体：沖縄県 石垣島 6月　2 まだ幼蛇の模様を持つ：沖縄県 宮古島 10月　3 尾の筋模様　4 頭部：沖縄県 石垣島 10月

◆サキシマスジオ

生体・識別➡46頁

　日本固有亜種。八重山諸島と宮古諸島に分布する。自然林や二次林等でみられることが多いが、畑や民家周辺にもよく現れる。西表島では日中に2mをはるかに超えたサキシマスジオの大型個体が道路をゆっくりと横断する姿を目撃したことがある。最大2.5mにまで達する日本最大級のヘビであり、無毒。小型の哺乳類や鳥類を食べる。6〜7月に6〜

11個の卵を産卵する。尾の背面に黄土色の筋があるという特徴が「筋尾」と呼ばれる由来である。東アジアに広く分布するスジオナメラ（*Elaphe taeniura*）の中で、最北東端に生息する種。舗装道路の整備に伴って起こる交通事故により、近年は減少傾向にある。環境省RL2020では絶滅危惧II類に指定されている。

タイワンスジオの成体：飼育個体 7 月

1 シュウダの成体　2 舌を出してにおいを嗅ぐ：飼育個体 7 月

◆ タイワンスジオ

生体・識別➡46頁
卵・幼体➡78頁

　台湾から移入された個体が沖縄島中部を中心に定着している。森林、草むら、畑等に生息する。背面は黄土色やオリーブ色で黒斑が胴の前半部にあり、後半部から尾にかけて4本の縦条になる。舌が黒く、主に小型の哺乳類や鳥類を食べる。沖縄島北部は貴重な鳥類や哺乳類が多く生息しており、分布の北上が懸念される。環境省の特定外来生物に指定。

◆ シュウダ

生体・識別➡46頁

　台湾、中国東部からインドシナ半島北部等、国内では尖閣諸島の魚釣島、南小島、北小島に分布。2 mを超える無毒ヘビで、怒るとシューと音を出す。つかむと悪臭を出すため「臭蛇」と呼ばれる。海岸近くのガレ場や海鳥の営巣地では小型哺乳類や鳥類、トカゲを食べる。環境省RL2020では絶滅危惧ⅠB類に指定されている。

1 道路を横断する　2 成体　3 横顔：沖縄県 与那国島 5月

◆ ヨナグニシュウダ

生体・識別➡46頁　　卵・幼体➡78頁

　日本固有亜種。八重山諸島の与那国島のみに分布する。2mを超える無毒ヘビで、つかむと嫌なにおいを出し「臭蛇」と呼ばれる。山地から平地の集落周辺まで島内のほぼ全域に生息。10月に島を訪れた際には道端で数多くの幼蛇がみられた。また、春先には道路を横断する大型個体もみられるが、非常に俊敏に移動するため近くで姿をみることは難しい。午前中から夕方にかけて活動し、トカゲやヘビ等の爬虫類や鳥類、小型の哺乳類を食べる。体色はベージュ色から黄土色で、鱗にはキールが発達する。シュウダに似ているが、体鱗列数が多いこと体色が薄いこと等で区別できる。森林伐採により生息数が激減しており、環境省RL2020では絶滅危惧IB類に指定されている。

1 成体　2 お腹の模様　3 側溝に落ちていた：沖縄県 与那国島 5 月

◆ ミヤラヒメヘビ

生体・識別➡47頁

　日本固有亜種。八重山諸島の与那国島に分布する。自然林や二次林等の湿潤な場所に生息する。側溝に落ちた個体が多く目撃され、側溝が移動の妨げになっていることは言うまでもない。頭部から同じ幅の胴が続くが、尾の先端は尖っている。つかむと、この先端を押し当ててくる。体色は緑褐色でやや光沢があり、腹面は黄緑色で腹板に黒斑がある。主にミミズを食べる。詳しい生態はほとんどわかっていない。森林伐採や土地改良、道路の拡張は生息地の分断や乾燥化の原因になる。また、外来種であるインドクジャクの定着による捕食圧もかかっているのではないかと懸念されている。名前の由来は第一発見者の「宮良孫好氏」に由来する。環境省RL2020では絶滅危惧II類に指定されている。

①成体　②地面を移動する成体　③脱皮前：沖縄県 宮古島 6月

生体・識別➡47頁

◆ ミヤコヒメヘビ

　日本固有種。宮古諸島の宮古島と伊良部島に分布する。自然林や二次林、低木林等1年を通して乾燥することがなく、湿り過ぎない場所の落ち葉等の堆積物の下に生息する。また、高温に弱いため移動等は夜間に行うと考えられる。春先に側溝等で確認されることが多い。ミヤラヒメヘビより眼が大きく、腹面は黄色がかった地色に斑がある。春先に確認された例が多く、これまでに側溝等で数個体目撃されている。主にミミズを食べる。法面脇にたまる落ち葉の下や公園の水辺周辺を夜間移動する個体もみられたが、土地の造成や道路工事による側溝の改修等により、近年はあまりみられなくなった。環境省RL2020では絶滅危惧ⅠB類、また沖縄県宮古島市の自然環境保全条例の保全種に指定。

④腹面模様　⑤頭部・光沢をおびる　⑥尾部・先が尖る　⑦マッチ棒との比較：沖縄県 宮古島７月

キクザトサワヘビの成体：沖縄県 久米島 11月

ダンジョヒバカリの成体：長崎県 男女群島 9月

◆ キクザトサワヘビ　生体・識別➡47頁

　日本固有種。沖縄諸島久米島に分布する。自然林の細い渓流の水中に生息する。水面で呼吸するため鼻孔は吻端近くで上を向き、背面は黒褐色で橙色の斑点が並ぶ。主にサワガニ類を食べる。環境省RL2020では絶滅危惧ⅠA類、また種の保存法の国内希少野生動植物種で中北部の生息域は生息地等特別保護区。沖縄県の天然記念物にも指定されている。

◆ ダンジョヒバカリ　生体・識別➡48頁

　日本固有亜種。長崎県男女群島の男島のみに分布する。急傾斜の林床にある落ち葉や朽ち木の下でみられる。茶色から茶褐色の地に黒斑が散らばる。本州に生息するヒバカリと比べると尾が長いこと頸部の斑紋が鮮やかなこと、頭が尖ることから区別できる。ミミズを餌とするが生態等は不明。環境省RL2020では情報不足に指定されている。

□1 成体：沖縄県 沖縄島 5月　□2 水辺に現れた：鹿児島県 奄美大島 5月　□3 黄色が強い個体：沖縄県 沖縄島 6月

◆ ガラスヒバァ

生体・識別➡48頁　　卵・幼体➡79頁

　日本固有種。奄美諸島と沖縄諸島に分布する。湿地や水田、沢沿い等の水辺付近でよくみられる。水によく潜り、吻端を水面に出して水に浸かっていることがある。細身の体で、眼が大きく、黒褐色や灰褐色の地色にV字型の黄色もしくは白っぽい模様が入るが、尾に近付くにつれて薄れるか点状になる。名前は、沖縄地方の方言で「カラスヘビ」を意味して

おり、その名の通り全体的に黒っぽい。ただし、分布域が広いため様々な模様の変異がある。上顎の奥に毒を出す腺を持っているが、毒性は弱いとされる。動きはすばやく、人の気配を感じると滑るように逃げ去るが、しつこい相手には体を持ち上げ威嚇してくる。主にカエルやオタマジャクシを食べる。5～8月に2～6個産卵する。

有鱗目ヘビ亜目 ナミヘビ科

④オキナワアオガエルの卵を食べる：沖縄県 沖縄島 4月　⑤オタマジャクシを食べる：鹿児島県 徳之島 5月
⑥水田で獲物を狙う　⑦模様は様々：沖縄県 伊平屋島 10月

⑧暗い体色をした個体：沖縄県 渡名喜島 10月　⑨岩陰に隠れる：沖縄県 沖縄島 10月

1 あくびをする　2 畦に現れる　3 成体：滋賀県大津市 7 月

◆ ヒバカリ

生体・識別➡49頁　　卵・幼体➡78頁

　日本固有亜種。本州、四国、九州とその周辺の島、佐渡島、舳倉島、隠岐、壱岐、五島列島、下甑島等に分布する。田んぼや湿地等の水辺環境に生息し、餌を求めて水に入ることもある。地色は薄い褐色か暗褐色で頸部周辺に白い模様が斜めに入る。腹面は薄い黄色で両端に黒斑があり、全身をみるとこれが破線にみえる。噛まれると「その日ばかりの命」と言われることから名付けられているが、実際は毒もなく噛みつくことも滅多にないおとなしいヘビである。追いつめられると身体をS字型に持ち上げて威嚇体制をとる。カエルとその幼生のオタマジャクシ、小魚、ミミズ等を食べ、特に水中を泳ぐ魚やオタマジャクシを非常に上手に捕食する。7〜8月に4〜10個産卵する。

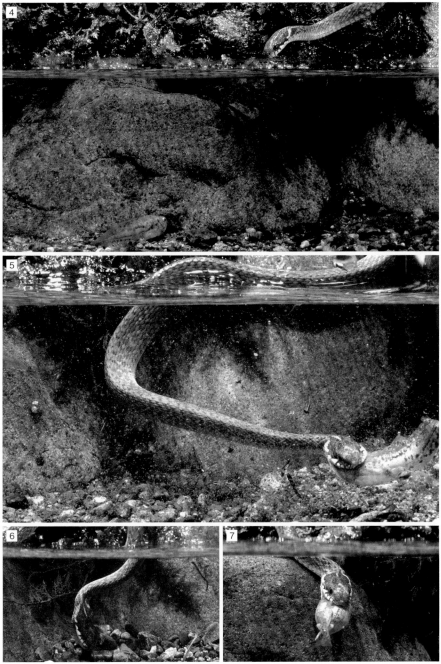

4 狙いを定める　5 食らいつく　6 もがくオタマジャクシを離さない　7 引きあげる：滋賀県大津市 6月

①日中活動する成体　②頭部　③成体：沖縄県 宮古島 10月

◆ ミヤコヒバァ

生体・識別➡49頁

　日本固有種。宮古諸島の宮古島と伊良部島に分布する。くすんだ褐色の地に、胴前半部に白帯が入る。この白帯は胴後半部にかけて短くなり、最終的には不明瞭になる。頸部には白い斑紋がある。体鱗には明瞭なキールを持つ。腹面は白い。身体は細長く尾が長い。動きは非常に俊敏。池や沼、湿地や低木林周辺でみられる。カエルやオタマジャクシ、ト

カゲ類を食べている。6月に3卵産卵した記録がある。日中に水辺周辺で餌を捕食する姿をよくみられていたが、クジャクが導入され野生化し始めた頃よりみかける頻度が急激に減少した。環境省RL2020では絶滅危惧IB類。種の保存法の国内希少野生動植物種に指定されている。また、沖縄県宮古島市の自然環境保全条例の保全種にも指定されている。

④腹面は白い　⑤落ち葉の上を移動する　⑥水場に現れる：沖縄県 宮古島 10月

1成体 2落ち葉に紛れる 3水田に現れる：沖縄県 石垣島 9月

◆ ヤエヤマヒバァ

生体・識別➡49頁

　日本固有種。八重山諸島の石垣島と西表島に分布する。平地から山地にかけての川や水田、湿地に生息する。夜間目にする機会が多く、湿地では半身を水につけて獲物を待つ姿や渓流の大きな岩の上を移動する個体がみられることもある。地色は褐色か茶褐色で薄い黄色の帯が入るが、尾に近付くにつれて薄れ、頸部にはV字型の模様が入る。ガラスヒバァ

と比べて身体が太短く、眼も大きい。上顎の奥に毒を出す腺を持つが弱い毒で、気性もほかのヘビより穏やかに思える。ガラスヒバァやミヤコヒバァは卵を産むが、ヤエヤマヒバァは胎生で、5〜8匹の膜に包まれた仔を産む。主にカエルやオタマジャクシを食べる。湿地に多く、ヤエヤマハラブチガエルを捕食する姿がよく目撃される。

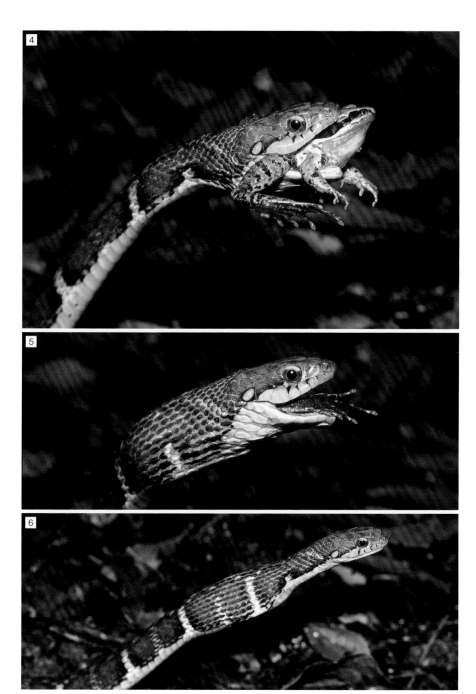

④～⑥ヤエヤマハラブチガエルを捕食する：沖縄県 石垣島 9月

１頸の部分に赤味が強い個体　２頸を広げて威嚇する：滋賀県高島市９月　３腹面は黄色い：滋賀県高島市８月

◆ヤマカガシ

生体・識別➡50頁　　卵・幼体➡79頁

　日本固有種。国内では本州、四国、九州とその周辺の島、佐渡島、隠岐、壱岐、五島列島、屋久島、種子島等に分布する。平地から山地近くの水田や湿地、川等の水辺付近に多く生息する。背中の鱗にはキールがあり、背面は黒色と赤色が地色の大部分で、黄色、緑褐色の斑紋がある。頸部には黄色い斑紋があり、幼蛇はこれらの模様がはっきりしている。

模様と色には多くの変異がある。例えば、関東地方では黒色、赤色、黄色の模様がはっきりしていて非常に美しく、関西地方ではオリーブ色や黄褐色等単一色が多い。また、黒化型個体もみられる。中国地方では黄色色素が欠如した水色模様を多く持つ個体が、九州地方では大きな黒斑が目立つ等地域の大まかな傾向があるようだ。

有鱗目ヘビ亜目 ナミヘビ科

④餌を求めて里山を移動する：滋賀県大津市10月　⑤青味を帯びた個体　⑥横顔・黄味を帯びている：兵庫県三田市9月

　毒蛇で、2種類の毒を持っている。ひとつは、ヤマカガシ自身でつくるものであり、毒性がかなり強い。噛みついて、奥にある大きな歯で獲物に傷をつけ、顎の後ろにある毒腺から染み出る毒を傷口から血管に入れる。人間の死亡例もあるが、性質はおとなしく危害を加えなければ噛みつくことはほとんどない。もうひとつは、ヒキガエルを食べてヒキガエルの毒を取り込むことでつくられる。頸部の皮膚の下に2列の毒腺が埋もれており、頸部を掴もうとすると毒を出す器官をみせつけるため、おじぎをするかのように頸部をかしげる独特の姿になる。それでも相手がひるまなければ、頸部を敵に打ち付け皮膚が破れて毒液を飛ばしてくることもあり、敵が頸部を噛もうとすると相手は毒を味合うことになる。時に、口を少し開いて仰向けになり死んだふりをすることがある。産卵期は6〜8月で2〜40個ほど産卵する。主にカエルや魚類を食べる。

1 林道に現れるハイの成体　2 頭部：沖縄県 沖縄島 9月　3 横帯のない個体　4 横帯のない個体の頭部：沖縄県 久米島 10月

有鱗目 ヘビ亜目 コブラ科／コブラ科コブラ亜科

◆ハイ

生体・識別➡51頁

　日本固有種。奄美諸島の徳之島と、沖縄諸島の沖縄島、渡嘉敷島、伊平屋島、久米島等に分布する 。2017年に形態・分子データに基づいた分類学的再検討の結果、クメジマハイがハイのシノニムになった。湿潤な自然林や二次林の林床でみられることが多く、おもに夜間に活動する。背面は赤褐色や橙色で黒く太い縦条が5本走る。これに白く縁取られた黒い横帯が等間隔で入る個体や前半部分だけみられる個体、全くみられない個体がいる。小型のヘビやトカゲ類をおもに食べる。6月に5卵ほど産卵する。外敵に襲われると尾端を押し当て威嚇をしたり尾を巻きつけてくねらせる行動をとる。毒蛇だが被害の報告はない。ハイとは沖縄方言で「日照り」の意味。環境省RL2020では準絶滅危惧。

① ヒャンの成体　② 頭部：鹿児島県 奄美大島 6月

イワサキワモンベニヘビの成体：飼育個体

◆ ヒャン　生体・識別 ➡ 51頁

　日本固有種。奄美諸島の奄美大島、与路島、請島に分布する。湿潤な自然林や二次林の林床に生息する。背面はオレンジ色で暗色の縦条が1〜5本があり、黒い横帯が入る。主に小型のヘビやトカゲを食べる。6月に2〜4卵産卵する。毒蛇だが被害の報告はない。ヒャンも奄美方言で「日照り」を意味する。環境省RL2020では準絶滅危惧に指定。

◆ イワサキワモンベニヘビ　生体・識別 ➡ 51頁

　日本固有種。八重山諸島の石垣島と西表島に分布する。湿潤な自然林や二次林の林床に生息する。背面は赤紫色で黒色の環状斑が並んでいる。この前後はクリーム色に縁どられ、頭部には大きな白帯が入る。生態は不明な点が多く、主に小型のヘビを食べる。環境省RL2020では絶滅危惧II類、また石垣市の自然環境保全条例の保全種に指定。

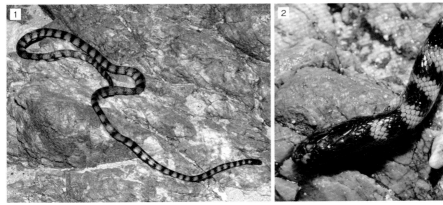

1 2海岸を移動するクロガシラウミヘビ 2頭部：沖縄県 沖縄島 9月

有鱗目 ヘビ亜目 コブラ科ウミヘビ亜科

クロボシウミヘビの成体：沖縄県 沖縄島 9月

セグロウミヘビの成体：沖縄県 沖縄島 12月

◆ クロガシラウミヘビ

国内では奄美諸島以南に生息するが本州で
みられることもある。灰褐色の地に黒い横帯
が並ぶ。名前からわかるように頭部が黒く小
さいが、胴から尾に向かって太くなる。尾の

先も黒い。砂の中に頭を突っ込んでアナゴの
仲間等を捕食する。胎生で夏から秋にかけて
4～5仔を出産する。口は小さいが毒を持ち、
すぐ噛もうとしてくる危険なヘビ。

◆ クロボシウミヘビ　　生体・識別➡52頁

南西諸島の沿岸でみられる。国外では東ア
ジア南部に分布。砂や泥の浅い海底に生息す
る。クリーム色の身体に黒い横帯が入り、横
帯は腹側では細くなる。胎生。アナゴや魚の
ウミヘビ類を食べる。気性が荒く危険。

◆ セグロウミヘビ　　生体・識別➡52頁

日本近海では北海道以南でみられる。外洋
性のウミヘビで、流れ藻とともにひれ状の尾
を使って回遊する。背中が黒く、腹側は黄色
く、尾に波型の模様が入る。胎生。毒は強く、
筋肉にも毒がある。

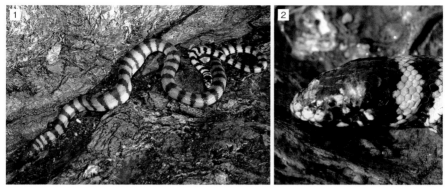

1 海岸にいたマダラウミヘビ　2 頭部：沖縄県 沖縄島 9月

ヨウリンウミヘビの成体：沖縄県 沖縄島 3月

路上を移動していたアオマダラウミヘビ：沖縄県 西表島 7月

生体・識別➡52頁

◆ マダラウミヘビ

国内では南西諸島の沿岸に分布するが、九州や本州でもみつかることがある。昼行性で波の穏やかな沿岸域のサンゴ礁や入り江にすむ。薄い黄色や灰色の地色に黒帯が入る。胴は太くがっしりしている。尾はひれ状。毒牙が長く強い毒を持ち、性質も荒くよく噛みつくので、日本のウミヘビの中では最も危険だとされる。胎生で3〜15仔を出産する。

◆ ヨウリンウミヘビ　生体・識別➡52頁

これまでの分布記録はオーストラリアから台湾であったが、2021年3月に沖縄島北部で全長1.7mのメス個体が採集された。卵巣には卵黄を蓄積した卵が複数個見られた。胃内容物にはハリセンボンの仲間が含まれていた。腹板の鱗が葉形状をしている。毒牙は薄手のウエットスーツを貫通するほど長い。

◆ アオマダラウミヘビ　生体・識別➡53頁

国内では南西諸島の沿岸域に分布。夜行性で、普段は沿岸域で生活している。唇と眼の上部がクリーム色もしくは黄色をしている。主にウツボや魚のウミヘビ類を食べる。岩の隙間等に4〜10個産卵する。毒はかなり強い。

1 海岸にいたエラブウミヘビ　2 頭部：鹿児島県 宝島 7月

ヒロオウミヘビの成体：沖縄県 石垣島 8月

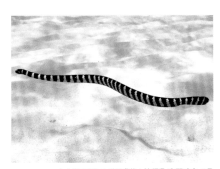

イイジマウミヘビの成体：沖縄県 座間味島 6月

生体・識別➡53頁

◆ エラブウミヘビ

　国内では琉球列島のサンゴ礁でみられるが海流に乗って九州以北にも流れ着く。サンゴ礁の発達した浅い海や岩礁、砂泥底等でみられる。毒蛇だが性質は温和。ハゼ、ギンポ等の魚類を食べる。

　薄い青色に黒い帯が入る。横帯は背中から腹側に向かって細くなる。岩礁の洞窟に集まり、1～10個産卵する。環境省RL2020では絶滅危惧II類に指定。

◆ ヒロオウミヘビ　生体・識別➡53頁

　南西諸島の近海でみられる。海岸沿いの岩場の洞窟で1～7個産卵。強い毒を持つ。派手な青い色に黒い横帯が入る。アナゴや魚のウミヘビ類を主に食べる。環境省RL2020では絶滅危惧II類に指定されている。

◆ イイジマウミヘビ　生体・識別➡53頁

　奄美諸島以南のサンゴ礁でみられる。丸い頭で、黒い横帯の縁がギザギザしている。魚類の卵を専食し、溝牙と翼状骨歯は小さく、その他の歯や毒は退化している。胎生で2～3年に一度1～4仔を出産する。環境省RL2020では絶滅危惧II類に指定。

1 黒色の強い個体　2 茶褐色をした個体　3 クリーム色をした個体：鹿児島県 宝島 5月

◆ トカラハブ

生体・識別➡54頁　　卵・幼体➡80頁

　日本固有種。トカラ諸島の宝島と小宝島に分布する。二次林、草地、集落等に生息する。島中の至る所で姿がみられるが、この小さな限られた島にしかいないことを考えると、今後の個体数の変化が気になる。大きくわけると色彩には2つのパターンがある。淡褐色で背面に楕円形の斑紋が左右非対称で並ぶものと、黒褐色1色のものが知られるが、褐色や赤褐色をしたもの等多様な色彩がある。ハブよりも小型で毒の量も少ないが、頭部は大きく、三角形をしている。7～8月に2～7個産卵する。主にトカゲや小鳥、ネズミを食べる。遺伝的にはハブの奄美大島の集団に極めて近く、隔離された後に形態が急激に変わったと考えられる。環境省RL2020では準絶滅危惧に指定されている。

[1]目の前にオットンガエルが現れた　[2]三角形をした頭：鹿児島県 奄美大島 5月

◆ ハブ

生体・識別➡54頁　　卵・幼体➡80頁

　日本固有種。奄美諸島と沖縄諸島に分布する（粟国島、伊是名島、喜界島、沖永良部島、与論島を除く）。山地から海岸、人家周辺にも生息する。地上だけでなく樹上にもいるので、生息地に入る際には周囲に十分注意する必要がある。頸は細く、三角形の大きな頭をしている。黄褐色の地色に黒褐色の独特な模様が入るが、模様は個体や島によって変異が

ある。日本最大の毒蛇で、毒性はマムシより弱いが、攻撃的で大型になり獲物までのリーチが長いこと、毒牙が長く刺さりやすいこと、一度に体内に入る毒の量が多いこと等から非常に危険。血清治療で死亡する人は減ったが、筋肉組織が壊されて重い後遺症が残ることがある。小型の哺乳類、鳥、ヘビ、カエル等を食べる。7～8月に5～15卵を産む。

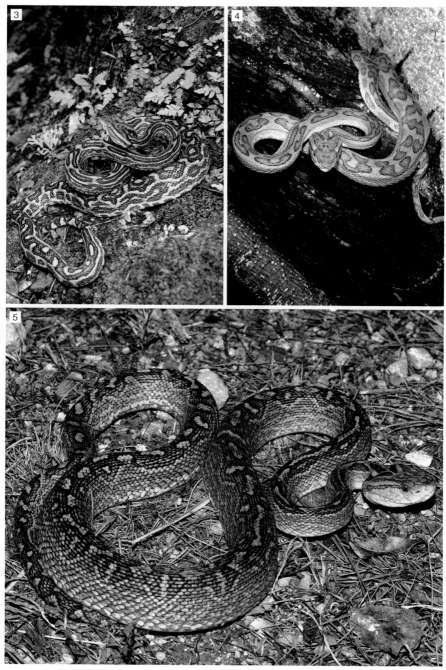

③沢にいた：鹿児島県 奄美大島 5月　④樹上にいた：鹿児島県 徳之島 5月　⑤模様が少ない：沖縄県 渡嘉敷島 9月

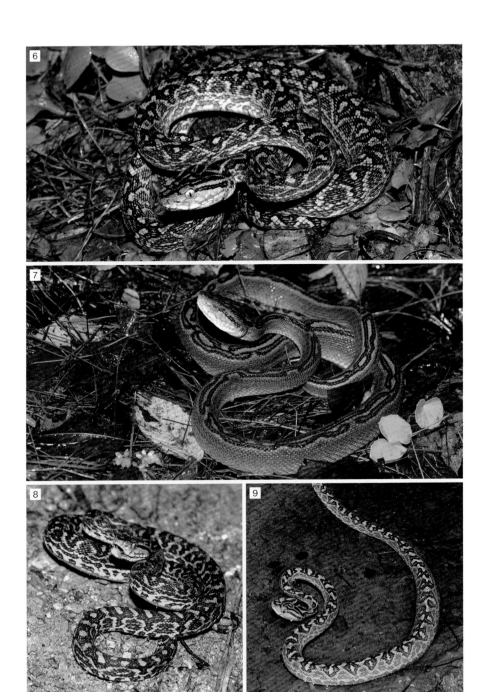

5 模様が少ない：沖縄県 渡嘉敷島 9月　6 銀ハブと呼ばれる体色：沖縄県 沖縄島 10月　7 模様が背中に集まる：沖縄県 久米島 10月
8 路上にいた：沖縄県 沖縄島 10月　9 金ハブと呼ばれる体色：沖縄県 沖縄島 10月

10 岩のすき間に潜む：沖縄県 渡名喜島 10月　11 茶色味が強い個体：鹿児島県 徳之島 5月

1 路上を移動する：沖縄県 石垣島 10月　2 穴にすっぽりはまって様子をうかがう：沖縄県 西表島 9月
3 黄色味が強い色彩変異：沖縄県 西表島 7月　4 渓流沿いで獲物を待つ：沖縄県 石垣島 10月

◆ サキシマハブ

生体・識別➡54頁　　卵・幼体➡81頁

　日本固有種。与那国島と波照間島を除く八重山諸島の多くの島に分布する。沖縄島にも移入されている。山地から民家周辺まで様々な場所でみられるほか、雨上がりには道路脇にも現れる。また、沢の岩上でとぐろを巻く個体もよく目にするのだが、これは餌となる生物が多く集まる場所で待機していると考えられる。頭部は大きく三角形で、体形はずん

ぐりしており、灰褐色の地色に背中にジグザグの模様がある。黒っぽい色から黄色味が非常に強い個体、模様が全くない個体等、バリエーションが豊富。7月に5～13個の卵を産む。ハブより毒は弱いが咬傷例があり、重症になった例もある。道路でひかれたネズミの死体を人目も気にせず捕食していた個体をみたことがある。カエルは好物のひとつ。

① 成体：飼育個体 9月　② サキシマハブとハブの交雑種：飼育個体 9月

◆ タイワンハブ

生体・識別➡54頁

　中国、台湾、インドシナ半島北部に分布する。薬用やハブ対マングースのショーに出すために輸入されていたが、逃げ出す等して沖縄島に定着した。沖縄島中部ではサトウキビ畑から森林等様々な場所で確認される。細身の体形で、背中には左右対称の斑紋が並ぶ。ハブよりも小型だが毒は強い。主にカエルや小型の哺乳類等を食べるため、固有の哺乳類や鳥類が多く生息する沖縄島北部への分布拡大が懸念されている。夏に3〜15個産卵する。ハブとの交雑が生じている。もし咬まれた場合、交雑個体であってもハブ用の抗毒素が効果的と確認されている。ハブ捕獲器と拡散防止フェンスにより、駆除対策が取られている。環境省の外来生物法により特定外来生物に指定されている。

①水辺でとぐろを巻く：鹿児島県 奄美大島 6月　②水辺で獲物を待つ：沖縄県 沖縄島 9月　③成体：鹿児島県 奄美大島 6月

◆ ヒメハブ

生体・識別➡55頁　　卵・幼体➡81頁

　日本固有種。奄美諸島と沖縄諸島の大部分の島に分布する。山地から平地でみられ、渓流や林道、水田や湿地等に生息する。特にカエルの繁殖場所で待ち伏せしている姿がみられる。大きな水たまりの周囲に5頭が等間隔で鎮座する姿を目撃したこともある。また低温に強く真冬のリュウキュウアカガエルの産卵に合わせて活動することもある。頭部は大きく三角形。体形はずんぐりしていて太短く「ツチノコ」を彷彿させる。地色は淡褐色で暗褐色の斑紋が並ぶが、体色には赤味が強い個体から黄色味を帯びた個体まで様々。性質はそれほど攻撃的ではなく毒も弱い。7〜8月に薄い膜で包まれた卵を3〜16個産卵する。卵は1〜2日で孵化することが知られており、メスは孵化するまで抱卵する。

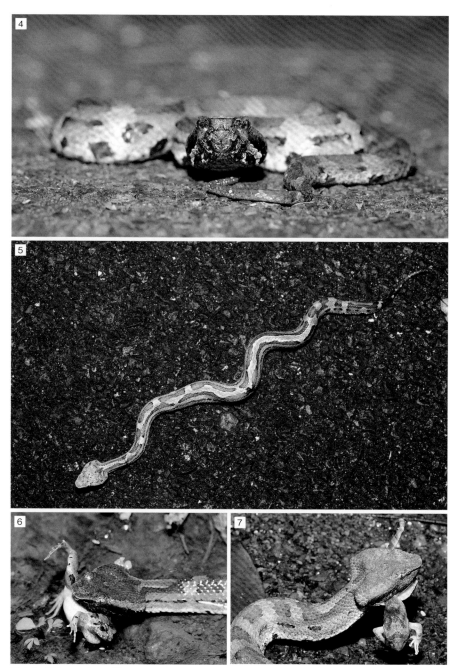

④正面顔　⑤路上を移動する　⑥ヒメアマガエルを捕食する成体：鹿児島県 奄美大島　⑦リュウキュウカジカを捕食する成体：鹿児島県 徳之島

1 林床で獲物を待つ　2 雨上がりに活動する：滋賀県大津市 9月

有鱗目 ヘビ亜目 クサリヘビ科マムシ亜科

◆ニホンマムシ

生体・識別➡55頁　　卵・幼体➡81頁

　日本固有種。北海道、本州、四国、九州と周辺の島に分布する（対馬にはツシママムシが分布するためみられない）。森林とその周辺の田畑に生息し、物陰に隠れていたり、地表の落ち葉や草むらに周囲の環境に溶け込んでいたりするため、みつけることは難しい。ずんぐりとした体形で、地色は淡褐色で楕円形の暗斑がある。また、この楕円形の斑紋の中心に、さらに濃い斑点がある。この特徴的な模様を穴の開いたお金に見立てて「銭形模様」と呼んでいる。時には、体全体が真っ黒な個体「黒マムシ」や、赤味の強い個体「赤マムシ」もみられることがある。体は小さいが頭の幅が広い。毒性はハブよりも強いが、体が小さいため注入量は少ない。しかし、注意は必要である。

③畦でトノサマガエルを捕食する：滋賀県大津市６月　④とぐろを巻く　⑤眼の前にある穴はピット器官：滋賀県大津市９月

　知らずに踏みつけたり、草刈り時にうっか
り手を近付けたりすると非常に俊敏な動きで
攻撃する。噛み付きによる死亡例は少ないが、
すみやかに病院等で血清治療等の処置が必
要。マムシの幼蛇は尾の先を持ち上げて動か
すことがある。これは尾の先端部の黄色部分
を揺らすことで餌と間違えてやってきたカエ
ル等を捕食する効果がある。胎生で、８～
10月に５～６仔を出産。出産前になるとお
腹の仔の成長を促すためにひんぱんに日光浴
をし体温を高める。生まれたての幼蛇は全長
で20cmほどもある。カエルやトカゲ、ヘビ、
小型の哺乳類等を食べる。マムシの眼と鼻の
間にはピット器官という赤外線感知器官があ
り、これを駆使して恒温の獲物の位置や姿を
的確に捉えることができる。ツシマムシに
似るが舌の色は黒色。肉を食用に、皮や肉粉
末を薬用に利用する。最も知られているのは
「マムシ酒」で、民間療法として伝わり各地
で様々な効能があるとされる。

1 成体　2 夜間・草むらに現れる　3 正面顔：長崎県 対馬 7月

◆ ツシママムシ

生体・識別➡55頁　　卵・幼体➡81頁

　日本固有種。長崎県の対馬のみに分布する森林から水田、沢沿い等に生息する。暖かい時期に訪れると島のいたる所で姿が目撃される。夜行性で水田近くや湿地周辺では特に多くみられる。昼間に林道脇のガレ場で日光浴をしていることもある。地色は灰褐色から赤褐色で、茶褐色の斑紋が並ぶ。斑紋が小さく非対称に並び中央部に点がないこと、舌がピンク色等からニホンマムシと区別される。有毒で攻撃的かつ俊敏な動きをし、落ち葉に紛れるとみつけにくい。生息数が多いため、水辺の草むらに入るときは十分な注意が必要である。胎生で9月頃に5仔出産した報告がある。幼蛇は成蛇に比べると明るい地色をしている。カエルや小型哺乳類を食べる。対馬では九州北西部と同様「ひらくち」と呼ぶ。

4

④日中に移動する：長崎県 対馬 7月

和名索引
INDEX

【ア行】

アオウミガメ	18, 96
アオカナヘビ	29, 67, 127
アオダイショウ	44, 76, 178
アオマダラウミヘビ	53, 207
アカウミガメ	21, 98
アカマタ	42, 74, 171
アカマダラ	42, 74, 172
アマミタカチホヘビ	41, 73, 167
アマミヤモリ	34, 71, 146
アムールカナヘビ	28, 67, 126
イイジマウミヘビ	53, 208
イシガキトカゲ	24, 63, 108
イヘヤトカゲモドキ	38, 160
岩国の白蛇（アオダイショウ）	44, 76, 180
イワサキセダカヘビ	40, 165
イワサキワモンベニヘビ	51, 205
エラブウミヘビ	53, 208
オオシマトカゲ	23, 63, 107
オガサワラトカゲ	25, 65, 112
オガサワラヤモリ	37, 71, 154
オカダトカゲ	22, 62, 104
オキナワキノボリトカゲ	30, 68, 130
オキナワトカゲ	23, 63, 106
オキナワヤモリ	35, 71, 147
オサガメ	21, 99
オビトカゲモドキ	38, 72, 156
オンナダケヤモリ	36, 152

【カ行】

カミツキガメ	16, 60, 94
ガラスヒバァ	48, 79, 193
キクザトサワヘビ	47, 192
キシノウエトカゲ	25, 64, 111
キノボリヤモリ	36, 151
クサガメ	14, 58, 86
クチノシマトカゲ	24, 63, 109
クメトカゲモドキ	39, 161
グリーンアノール	31, 136
グリーンイグアナ	31, 137
クロイワトカゲモドキ	38, 72, 158
クロウミガメ	20, 97
クロガシラウミヘビ	52, 206
クロボシウミヘビ	52, 206
ケラマトカゲモドキ	39, 163
コモチカナヘビ	28, 66, 121

【サ行】

サキシマアオヘビ	41, 73, 170
サキシマカナヘビ	29, 67, 129
サキシマキノボリトカゲ	30, 68, 132
サキシマスジオ	46, 186
サキシマスベトカゲ	26, 65, 114
サキシマバイカダ	43, 74, 174
サキシマハブ	54, 81, 214
サキシママダラ	42, 173
シマヘビ	45, 77, 182
ジムグリ	44, 75, 176
シュウダ	46, 187
シロマダラ	43, 75, 175
スウィンホーキノボリトカゲ	31, 135
セグロウミヘビ	52, 206
センカクトカゲ	24, 110

222

【タ行】

タイマイ	21, 99
タイワンスジオ	46, 78, 187
タイワンハブ	54, 215
タカチホヘビ	40, 73, 166
タカラヤモリ	33, 70, 144
タシロヤモリ	35, 150
タワヤモリ	32, 69, 141
ダンジョヒバカリ	48, 192
ツシマスベトカゲ	26, 116
ツシママムシ	55, 81, 220
トカラハブ	54, 80, 209

【ナ行】

ニシヤモリ	33, 69, 142
ニホンイシガメ	14, 58, 84
ニホンカナヘビ	28, 66, 122
ニホンスッポン	17, 60, 95
ニホントカゲ	22, 61, 100
ニホンマムシ	55, 81, 218
ニホンヤモリ	32, 69, 138

【ハ行】

ハイ	51, 204
ハブ	54, 80, 210
バーバートカゲ	23, 62, 105
ヒガシニホントカゲ	22, 62, 103
ヒバカリ	49, 78, 196
ヒメウミガメ	20, 97
ヒメハブ	55, 81, 216
ヒャン	51, 205
ヒロオウミヘビ	53, 208
ブラーミニメクラヘビ	40, 164
ヘリグロヒメトカゲ	27, 118
ホオグロヤモリ	35, 148

【マ行】

マダラウミヘビ	52, 207
マダラトカゲモドキ	39, 162
ミシシッピアカミミガメ	16, 60, 92
ミナミイシガメ	15, 59, 88
ミナミトリシマヤモリ	36, 151
ミナミヤモリ	34, 70, 145
ミヤコカナヘビ	29, 67, 128
ミヤコトカゲ	27, 65, 120
ミヤコヒバァ	49, 198
ミヤコヒメヘビ	47, 190
ミヤラヒメヘビ	47, 189

【ヤ行】

ヤエヤマイシガメ	15, 59, 89
ヤエヤマセマルハコガメ	15, 59, 91
ヤエヤマタカチホヘビ	41, 168
ヤエヤマヒバァ	49, 200
ヤクヤモリ	33, 70, 143
ヤマカガシ	50, 79, 202
ヨウリンウミヘビ	52, 207
ヨナグニキノボリトカゲ	30, 68, 134
ヨナグニスベトカゲ	26, 115
ヨナグニシュウダ	46, 78, 188

【ラ行】

リュウキュウアオヘビ	41, 73, 169
リュウキュウヤマガメ	15, 59, 90

【ワ行】

ワニガメ	16

学名索引
INDEX

【A】

Achalinus formosanus chigirai 41

Achalinus spinalis 40

Achalinus werneri 41

Anolis carolinensis 31

Ateuchosaurus pellopleurus 27

【C】

Calamaria pavimentata miyarai 47

Calamaria pfefferi 47

Caretta caretta 21

Chelonia agassizii 20

Chelonia mydas 20

Chelydra serpentina 16

Cryptoblepharus nigropunctatus 25

Cuora flavomarginata evelynae 15

Cyclophiops herminae 41

Cyclophiops semicarinatus 41

【D】

Dermochelys coriacea 21

Diploderma polygonatum donan 30

Diploderma polygonatum ishigakiense 30

Diploderma polygonatum polygonatum 30

Diploderma swinhonis 31

【E】

Elaphe carinata carinata 46

Elaphe carinata yonaguniensis 46

Elaphe climacophora 44

Elaphe quadrivirgata 45

Elaphe taeniura friesi 46

Elaphe taeniura schmackeri 46

Emoia atrocostata atrocostata 27

Emydocephalus ijimae 53

Eretmochelys imbricata 21

Euprepiophis conspicillatus 44

【G】

Gehyra mutilata 36

Gekko hokouensis 34

Gekko japonicus 32

Gekko shibatai 33

Gekko sp. 33

Gekko sp. 35

Gekko tawaensis 32

Gekko vertebralis 34

Gekko yakuensis 33

Geoemyda japonica 15

Gloydius blomhoffii 55

Gloydius tsushimaensis 55

Goniurosaurus kuroiwae kuroiwae 38

Goniurosaurus kuroiwae orientalis 39

Goniurosaurus kuroiwae toyamai 38

Goniurosaurus kuroiwae sengokui 39

Goniurosaurus kuroiwae yamashinae 39

Goniurosaurus splendens 38

【H】

Hebius concelarus 49

Hebius ishigakiensis 49

Hebius pryeri 48

Hebius vibakari danjoensis 48

Hebius vibakari vibakari 49

Hemidactylus bowringii 35

Hemidactylus frenatus 35

Hemiphyllodactylus typus typus 36

Hydrophis cyanocinctus 52

Hydrophis melanocephalus 52
Hydrophis ornatus maresinensis 52
Hydrophis platurus 52
Hydrophis stokesii 52

【I, J】

Iguana iguana 31
Indotyphlops braminus 40

【L】

Laticauda colubrina 53
Laticauda laticaudata 53
Laticauda semifasciata 53
Lepidochelys olivacea 20
Lepidodactylus lugubris 37, 71, 154
Lycodon multifasciatus 43
Lycodon orientalis 43
Lycodon rufozonatus rufozonatus 42
Lycodon rufozonatus walli 42
Lycodon semicarinatus 42

【M, O】

Macrochelys temminckii 16
Mauremys japonica 14
Mauremys mutica kami 15
Mauremys mutica mutica 15
Mauremys reevesii 14
Opisthotropis kikuzatoi 47
Ovophis okinavensis 55

【P, R】

Pareas iwasakii 40
Pelodiscus sinensis 17
Perochirus ateles 36
Plestiodon barbouri 23
Plestiodon finitimus 22
Plestiodon japonicus 22

Plestiodon kishinouyei 25
Plestiodon kuchinoshimensis 24
Plestiodon latiscutatus 22
Plestiodon marginatus 23
Plestiodon oshimensis 23
Plestiodon stimpsonii 24
Plestiodon takarai 24
Protobothrops elegans 54
Protobothrops flavoviridis 54
Protobothrops mucrosquamatus 54
Protobothrops tokarensis 54
Rhabdophis tigrinus 50

【S】

Scincella boettgeri 26
Scincella dunan 26
Scincella vandenburghi 26
Sinomicrurus boettgeri 51
Sinomicrurus iwasakii 51
Sinomicrurus japonicus 51

【T, Z】

Takydromus amurensis 28
Takydromus dorsalis 29
Takydromus smaragdinus 29
Takydromus tachydromoides 28
Takydromus toyamai 29
Trachemys scripta elegans 16
Zootoca vivipara 28

■協力者・団体（五十音順）

荒木克昌、飯村茂樹、今村淳二、大鹿達弥、太田英利、大谷 勉、岡本 卓、亀崎直樹、栗田和紀、小泉有希、笹井隆秀、佐士哲也、清水邦一、鈴木 大、鈴木慈規、田邉真吾、田原義太慶、寺岡誠二、寺田考紀、戸田 守、中川宗孝、東口信行、牧田守義、増田 修、増永 元、松尾公則、松沢陽士、水谷 継、森口 一、森 哲、渡辺昌和、一般財団法人 岩国白蛇保存会、京都水族館、久米島ホタル館、神戸市立須磨海浜水族園、姫路市立水族館

■写真協力（掲載順）

020p	オカダトカゲ（八丈島）	岡本 卓
022p、104p	センカクトカゲ	太田英利
038p、163p	キクザトサワヘビ	久米島ホタル館
041p、182p	ダンジョヒバカリ	松尾公則
045p、193p	イワサキワモンベニヘビ	森口 一
046p、195p	イイジマウミヘビ	増永 元
047p、195p	セグロウミヘビ	増永 元
057p	クチノシマトカゲ	栗田和紀
062p	オカダトカゲ（幼体）	長谷川雅美
093p	オサガメ	亀崎直樹
195p	ヒロオウミヘビ	田原義太慶
195p	クロボシウミヘビ	笹井隆秀
052p、207p	ヨウリンウミヘビ	一般財団法人 沖縄美ら島財団 総合研究センター

■参考文献

1）日高敏隆（監修）千石正一・疋田 努・松井正文・仲谷一宏（編）「日本動物大百科 第5巻 両生類・爬虫類・軟骨魚類」、平凡社、1996

2）Akira MORI and Hajime MORIGUTI「FOOD HABITS OF THE SNAKES IN JAPAN : A CRITICAL REVIEW」THE SNAKE、Vol.20、pp.98-113、1988

3）疋田 努「爬虫類の進化」、東京大学出版会、2002

4）内山りゅう・沼田研児・前田憲男・関 慎太郎「決定版 日本の両生爬虫類」、平凡社、2002

5）松井正文・疋田 努・太田英利「NEO 両生類・はちゅう類」、小学館、2004

6）富田京一・松橋利光「山渓ハンディ図鑑10 日本のカメ・トカゲ・ヘビ」、山と渓谷社、2007

7）前之園唯史・戸田 守「琉球列島における両生類および陸生爬虫類の分布」、Akamata⒅ : 28-46、2007

8）疋田 努・関 慎太郎「日本のはちゅう類、大集合！ トカゲ・ヘビ・カメ大図鑑」、PHP研究所、2012

9）環境省編「レッドデータブック2014 3 爬虫類・両生類」、ぎょうせい、2014

10）上野ほか「日本に産するカメ類の食性（総説）」、爬虫両棲類学会報⑵ : 146-158、2014

11）国立環境研究所「侵入生物データベース」（https://www.nies.go.jp/biodiversity/invasive/）

12）環境省編「環境省レッドリスト2020」（https://www.env.go.jp/press/107905.html）

13）日本爬虫両棲類学会（編）「新 日本両生爬虫類図鑑」、サンライズ出版、2021

標準和名と学名は日本爬虫両棲類学会の「日本産爬虫両生類標準和名リスト」に従った。
（http://herpetology.jp/wamei/index_j.php）

■著者プロフィール

関 慎太郎 （せき しんたろう）

1972年兵庫県生まれ。自然写真家。日本両棲類研究所展示飼育部長。
AZ Relief代表。身近な生き物の生態写真撮影がライフワーク。滋賀県
や京都府の水族館立ち上げに関わる。著書に『野外観察のための日本産
両生類図鑑 第3版』『日本のいきものビジュアルガイド はっけん！ ニ
ホンヤモリ』『同 ニホンイシガメ』『同 オオサンショウウオ』『同 ニホ
ンアマガエル』『同 オタマジャクシ』『世界 温帯域の淡水魚図鑑』『日
本産 淡水性・汽水性エビ・カニ図鑑』（いずれも緑書房）、『うまれたよ！
イモリ』（岩崎書店）、『日本サンショウウオ探検記 減り続ければいなく
なる!?』（少年写真新聞社）等多数。
ウェブサイト https://www.az-relief.com/

■監修者プロフィール

疋田 努 （ひきだ つとむ）

1951年大分県生まれ。1974年京都大学理学部卒、1979年同大学大
学院博士課程単位取得退学、理学博士。2008年京都大学大学院理学研
究科生物科学専攻動物学教室教授を経て、2016年4月より京都大学
名誉教授。専門は東アジア、東南アジア地域の爬虫類の分類学、系統学、
生物地理学で、数多くの新種の記載を行う。著書に『爬虫類の進化』（東
京大学出版会）、共著に『フューチャー・イズ・ワイルド 完全図解』（ダ
イヤモンド社）等多数。

マダラトカゲモドキ

第3版発行にあたって

　2016年3月に初版が発刊されてから4年が過ぎた頃だろうか。そんなわずかな間にも、爬虫類研究はめまぐるしく進歩しており、新たに追加された種や研究結果からシノニムになった種等が報告されていた。野外観察に魅了された僕としては、相も変わらず、休むことなく全国を飛び回り、新たな種や地域変異を求めてフィールドワークをつづけていた。そして「爬虫類の魅力を読者に届けたい！」という使命感が実を結んだのか、フィールドを訪れるたびに、一期一会と呼べる出会いを果たしていた。

　緑書房編集部から第2版（2018年11月に第1刷、2020年12月に第2刷発行）の増刷のお声がけをいただいたのは、そんな折のことだった。これは多くの方が爬虫類に興味を持っている証拠であり、僕にとってこの上ない喜びであった。この感謝の気持ちをお返しするためには、できるだけ多くの写真と最新の知見でもって取りかからなくてはならない。そう考えると、単なる増刷ではなく、新情報を追加した第3版にしたいという思いがムクムクと込み上げてきたのである。

　すぐさまこの情熱を監修の疋田努先生や編集部にぶつけると、具体的な意見や提案がポンポンと飛び出してきた。そして真剣かつ慎重に検討した上で、本書は第3版として制作をスタートすることになった。しかし、新たな種の撮影は想像よりはるかに難しい。そもそも生息地が狭く、発見例が少ないのだ。多くの方々のサポートがなければ、彼らの姿を写真に収めることは不可能だっただろう。本書の制作にあたり、ご協力いただいた全ての皆様へ、深く感謝申し上げたい。そして本書は第3版の完成がゴールというわけではない。爬虫類研究は成長著しい分野であり、第4版に向けて、常に最新のデータに目を光らせておかなければならない。これは著者としての責務である。

　「日本にはこんなにもすばらしい生き物たちがいることを、少しでも多くの方に伝えたい」という初版時の思いは、これからも変わることはない。初版や第2版を購入された方も、この第3版で初めて手に取った方も、本書を通して爬虫類の虜になっていただきたい。

2022年5月

自然写真家
関 慎太郎

Midori Shobo Co.,Ltd

野外観察のための

日本産 爬虫類図鑑 第3版

2016年 3月 1日 初版発行
2018年11月10日 第2版第1刷発行
2022年 6月10日 第3版第1刷発行

著 者	関 慎太郎
監修者	疋田 努
発行者	森田 浩平
発行所	株式会社 緑書房
	〒 103-0004
	東京都中央区東日本橋3丁目4番14号
	TEL 03-6833-0560
	https://www.midorishobo.co.jp
編 集	池田 俊之
デザイン	メルシング
	リリーフ・システムズ
印刷所	図書印刷